"十四五"职业教育国家规划教材

"十二五"职业教育国家规划教材 修订版
经全国职业教育教材审定委员会审定

气动与液压传动

第 2 版

主　编　马振福　柳　青
副主编　赵堂春　薛　梅
参　编　朱青松　李　勇

机械工业出版社
CHINA MACHINE PRESS

本书是"十二五"职业教育国家规划教材《气动与液压传动》的修订版。

全书共分为12个单元，主要介绍气压与液压传动基础知识，气压与液压传动元件的结构及工作原理，气压与液压传动基本回路，典型气压与液压传动系统实例，气压与液压传动系统的安装调试、故障分析及使用维护等内容。本书内容选取以应用能力培养为原则，基础理论以"够用"为度，注重基本操作和实际应用的训练。本书在每个单元开始处给出本单元"学习目标"，使学生在学习过程中目标明确；在相关位置设计了"想一想"与"画一画"栏目，以促进课堂"教与学"的互动，调动学生学习的积极性，启迪学生的科学思维；在相应的知识点后安排了技能实训，实现"学中做，做中学"，培养学生分析问题和解决问题的能力。

本书可作为中等职业学校自动化类、机械类等专业的教材，也可作为工程技术人员和工人的岗位培训教材。

为便于教学，本书配套动画（以二维码形式穿插于书中）、PPT 课件、电子教案，选择本书作为授课教材的教师可登录 www.cmpedu.com 网站注册、免费下载。

图书在版编目（CIP）数据

气动与液压传动/马振福，柳青主编. —2 版. —北京：机械工业出版社，2021.8（2025.1 重印）

"十二五"职业教育国家规划教材：修订版

ISBN 978-7-111-68565-4

Ⅰ.①气… Ⅱ.①马… ②柳… Ⅲ.①气压传动-职业教育-教材②液压传动-职业教育-教材 Ⅳ.①TH138②TH137

中国版本图书馆 CIP 数据核字（2021）第 124119 号

机械工业出版社（北京市百万庄大街22号 邮政编码100037）
策划编辑：赵红梅 责任编辑：赵红梅 苑文环
责任校对：张晓蓉 封面设计：张 静
责任印制：李 昂
河北宝昌佳彩印刷有限公司印刷
2025 年 1 月第 2 版第 10 次印刷
184mm×260mm · 16.75 印张 · 285 千字
标准书号：ISBN 978-7-111-68565-4
定价：49.90 元

电话服务　　　　　　　　　　网络服务
客服电话：010-88361066　　机 工 官 网：www.cmpbook.com
　　　　　010-88379833　　机 工 官 博：weibo.com/cmp1952
　　　　　010-68326294　　金 书 网：www.golden-book.com
封底无防伪标均为盗版　机工教育服务网：www.cmpedu.com

关于"十四五"职业教育
国家规划教材的出版说明

为贯彻落实《中共中央关于认真学习宣传贯彻党的二十大精神的决定》《习近平新时代中国特色社会主义思想进课程教材指南》《职业院校教材管理办法》等文件精神，机械工业出版社与教材编写团队一道，认真执行思政内容进教材、进课堂、进头脑要求，尊重教育规律，遵循学科特点，对教材内容进行了更新，着力落实以下要求：

1. 提升教材铸魂育人功能，培育、践行社会主义核心价值观，教育引导学生树立共产主义远大理想和中国特色社会主义共同理想，坚定"四个自信"，厚植爱国主义情怀，把爱国情、强国志、报国行自觉融入建设社会主义现代化强国、实现中华民族伟大复兴的奋斗之中。同时，弘扬中华优秀传统文化，深入开展宪法法治教育。

2. 注重科学思维方法训练和科学伦理教育，培养学生探索未知、追求真理、勇攀科学高峰的责任感和使命感；强化学生工程伦理教育，培养学生精益求精的大国工匠精神，激发学生科技报国的家国情怀和使命担当。加快构建中国特色哲学社会科学学科体系、学术体系、话语体系。帮助学生了解相关专业和行业领域的国家战略、法律法规和相关政策，引导学生深入社会实践、关注现实问题，培育学生经世济民、诚信服务、德法兼修的职业素养。

3. 教育引导学生深刻理解并自觉实践各行业的职业精神、职业规范，增强职业责任感，培养遵纪守法、爱岗敬业、无私奉献、诚实守信、公道办事、开拓创新的职业品格和行为习惯。

在此基础上，及时更新教材知识内容，体现产业发展的新技术、新工艺、新规范、新标准。加强教材数字化建设，丰富配套资源，形成可听、可视、可练、可互动的融媒体教材。

教材建设需要各方的共同努力，也欢迎相关教材使用院校的师生及时反馈意见和建议，我们将认真组织力量进行研究，在后续重印及再版时吸纳改进，不断推动高质量教材出版。

机械工业出版社

本书是"十二五"职业教育国家规划教材《气动与液压传动》的修订版。《气动与液压传动》于 2015 年 9 月正式出版，在使用过程中受到了广泛好评，作为"十二五"职业教育国家规划教材，在推动职业教育教学方法的改革上起到了良好的作用。近几年来，液压与气动技术得到了进一步的发展，特别是机、电、液、气复合控制技术在各个领域的应用日趋广泛。为了更好地为工程实际服务，跟进我国液压与气动技术的发展，我们进行了本次修订。

本书以工程技术应用能力培养为主线，从职业教育对人才的培养目标出发进行内容的组织与编写。为了激发学生的学习兴趣，启发学生的科学思维，书中还增加了气动与液压传动的发展应用和名人轶事内容。另外，书中加入了大量的动画及视频二维码，有助于学生直观理解和学习。

本书主要体现以下特色：

1）执行现行国家标准 GB/T 786. 1—2009《流体传动系统及元件图形符号和回路图　第 1 部分：用于常规用途和数据处理的图形符号》，采用了现行气动与液压元件图形符号和有关名词术语。

2）书中配有大量气动与液压元件实物图、动画二维码，使学生能直观地了解气动与液压元件的外形，增强学生的感性认识。

3）在每个单元前给出了"学习目标"，使学生在学习过程中明确要达到的知识目标和技能目标，有助于重点知识和技能的掌握，提高学生学习的主动性。

4）促进"教与学"的互动。本书在相关位置设计了"想一想"与"画一画"栏目，帮助学生理解和掌握所学知识，并调动学生学习的积极性，启发学生的科学思维。

5）理论与实践紧密结合，将专业知识与实践有机融合，在相应的知识点后面安排了技能实训，使学生能够"学中做，做中学"，有利于达成为生产一线培养技术应用型人才的目标，充分体现了职业教育的特点。通过元件拆装实训，加强学生对元件工作原理、结构及使用特点的理解和掌握；通过基本回路实训，使学生理解和掌握回路的组成原理及回路的特点；通过综合实训，使学生进一步理解系统的组成原理，学会系统的安装、调试，逐步学会系统故障分析及排除的方法。

本书由马振福、柳青担任主编；赵堂春、薛梅担任副主编；朱青松、李勇参与编写。编写具体分工如下：马振福编写单元1、单元11和附录；柳青编写单元4、单元5、单元9和单元10；赵堂春编写单元6和单元12；薛梅编写单元3和单元7；朱青松编写单元8；李勇编写单元2。本书在编写前广泛听取了有关院校教师和学生的意见和建议，在编写过程中得到了相关学校和有关同志的大力支持和帮助，在此表示衷心的感谢。编写过程中，编者参阅了相关的书籍和资料，在此向所有作者一并表示衷心感谢！

由于编者水平有限，书中难免有疏漏或不妥之处，恳请广大读者批评指正。

编　者

二维码索引

页码	名称	二维码	页码	名称	二维码
3	动画:机床工作台液压系统		51	动画:快速排气阀	
23	动画:活塞式空气压缩机工作原理		56	动画:排气节流阀	
30	动画:油雾器		66	动画:缓冲回路	
39	动画:单作用薄膜式气缸		80	动画:机械手气动系统	
40	动画:冲击气缸		83	动画:数控加工中心气动换刀系统原理	
42	动画:叶片式气动马达		105	动画:齿轮泵工作原理	
50	动画:梭阀		106	动画:齿轮泵结构原理	
51	动画:双压阀		107	动画:双作用定量叶片泵	

（续）

（续）

页码	名称	二维码	页码	名称	二维码
185	动画:采用换向阀中位机能卸荷回路		207	动画:行程阀控制的快慢速换接回路	
186	动画:采用蓄能器保压、泵卸荷回路		210	动画:压力继电器控制的顺序动作回路	
197	动画:回油路节流调速回路		211	动画:行程开关控制的顺序动作回路	
202	动画:变量泵和定量马达容积调速回路		212	动画:调速阀控制的同步回路	
203	动画:定量泵和变量马达容积调速回路		212	动画:带补偿装置的串联液压缸同步回路	
203	动画:变量泵和变量马达容积调速回路		224	动画:机床滑台的液压系统	
205	动画:液压缸差动连接快速回路		228	动画:数控车床液压系统 1	
206	动画:双泵供油快速运动回路		228	动画:数控车床液压系统 2	
206	动画:采用蓄能器的快速运动回路				

目　录

单元1

气压与液压传动基础知识

气压与液压传动（"气压传动"简称为"气动"）技术是机电设备中发展速度最快的技术之一，特别是近年来，随着机电一体化技术的发展，气压与液压传动技术向着更广阔的领域渗透。该技术是实现工业自动化的一种重要手段，具有广阔的发展前景。

气压与液压传动是以流体（压缩空气或液压油）为工作介质进行能量传递和控制的一种传动形式。气压与液压传动设备利用各种气动与液压元件组成不同功能的基本回路，再由若干个基本回路有机地组合成能完成一定控制功能的传动系统，以满足机电设备对各种运动和动力的要求。

【学习目标】

- 了解气压与液压传动的基本工作原理及系统的基本结构组成。
- 掌握气压与液压传动工作介质的主要物理性质及选用。
- 掌握液压系统中的压力和流量的基本概念。
- 理解液压冲击和空穴现象产生的机理及预防措施。

学习任务1　气压与液压传动的工作原理及系统组成

一、气压与液压传动的工作原理

下面以几个实例了解气压与液压传动的工作原理。

实例1：图1-1a所示为气动剪切机气动系统的工作原理。图示位置为剪切前的预备状态，空气压缩机1输出的压缩空气→冷却器2→油水分离器3（降温及初步净化)→气罐4（备用）→分水滤气器5（再次净化）→减压阀6→油雾器7→气控换向阀9→气缸10。此时，气控换向阀A腔的压缩空气将阀芯推到上位，使气缸上腔充压，活塞处于下位，剪切机的剪口张开，处于预备工作状态。

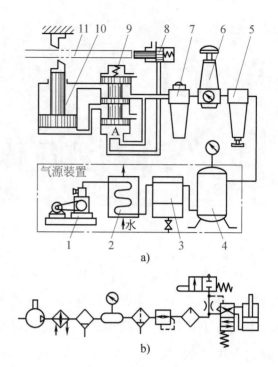

当送料机构将工料11送入气动剪切机并到达规定位置时，工料将行程阀8的阀芯向右推动，气控换向阀A腔经行程阀8与大气相通，气控换向阀阀芯在弹簧的作用下移到下位，将气缸上腔与大气连通，下腔与压缩空气连通，此时，活塞带动剪刀快速向上运动将工料切下。工料被切下后，即与行程阀脱开，行程阀阀芯在弹簧作用下复位，将排气口封死，气控换向阀A腔压力上升，阀芯上移，使气路换向。气缸上腔进压缩空气，下腔排气，活塞带动剪刀向下运动，系统又恢复到图示预备状态，待第二次进料剪切。

图 1-1b 所示为气动剪切机气动系统的图形符号。

图 1-1　气动剪切机气动系统

a）工作原理　b）图形符号

1—空气压缩机　2—冷却器　3—油水分离器　4—气罐
5—分水滤气器　6—减压阀　7—油雾器　8—行程阀
9—气控换向阀　10—气缸　11—工料

实例2：图1-2所示为液压千斤顶工作原理。大缸体9和大活塞8组成举升缸，杠杆手柄1、小缸体2、小活塞3、单向阀4和7组成手动液压泵。当提起手柄使小活塞向上移动时，则小活塞下腔容积增大，形成局部真空，于是油箱12中的油液在大气压力的作用下，通过吸油管5推开单向阀4进入小活塞下腔（此时单向阀7关闭），即手动液压泵吸油。当用力压下手柄

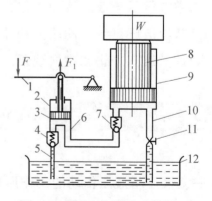

图 1-2　液压千斤顶工作原理

1—杠杆手柄　2—小缸体　3—小活塞
4、7—单向阀　5—吸油管　6、10—管道
8—大活塞　9—大缸体　11—截止阀　12—油箱

时，小活塞下移，其下腔的密封容积减小，油压升高，单向阀4关闭，单向阀7打开，下腔的油液经管道6进入大缸体9的下腔，迫使大活塞8向上移动一段距离，举起重物，即完成一次压油动作。当再次提起手柄吸油时，举升缸下腔的压力油将力图倒流入手动液压泵内，但此时单向阀7自动关闭，使油液不能倒流，从而保证了重物不会自行下落。不断地往复提、压手柄，就能不断地把油液压入举升缸下腔，使重物逐渐升起，达到起重的目的。工作完毕，打开截止阀11，举升缸下腔的油液通过管道10、截止阀11流回油箱，大活塞在重物和自重作用下向下移动，回到初始位置。

由液压千斤顶的工作过程可知，小缸体与单向阀4和7一起完成吸油与压油，将杠杆的机械能转换为油液的压力能输出。大缸体将油液的压力能转换为机械能输出，顶起重物。在这里，大、小缸体组成了最简单的液压传动系统，实现了运动和动力的传递。

实例3：图1-3所示为机床工作台液压系统工作原理。电动机驱动液压泵旋转，从油箱1经过滤器2吸油，泵输出的压力油经换向阀5→节流阀6→换向阀7

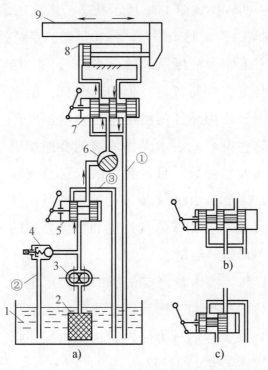

动画：机床工作台液压系统

图1-3　机床工作台液压系统工作原理

1—油箱　2—过滤器　3—液压泵　4—溢流阀

5、7—换向阀　6—节流阀　8—液压缸　9—工作台

→液压缸 8 左腔，推动活塞而使工作台 9 向右运动。这时，液压缸 8 右腔的油液经换向阀 7→回油管①→油箱 1。

若将换向阀 7 的手柄转换成图 1-3b 所示状态，则压力油经换向阀 7→液压缸 8 右腔，推动活塞而使工作台 9 向左运动，并使液压缸 8 左腔油液经换向阀 7→回油管①→油箱 1。

工作台 9 的运动速度是由节流阀 6 来调节的。改变节流阀的开口大小，可以改变进入液压缸的流量，从而控制液压缸活塞的运动速度。

工作台 9 运动时，要克服各种阻力，而这些阻力要由液压泵输出油液的压力能来克服。根据工作情况不同，液压泵输出的压力应该是可调整的。通过调节溢流阀 4，可调定液压泵 3 输出油液的压力，使其与液压缸 8 最大负载所需压力相平衡，当系统压力升高到稍大于溢流阀 4 的弹簧力时，溢流阀 4 便打开，将液压泵 3 输出的部分油液经油管②溢回油箱。这时系统压力不再升高，工作台保持稳定的低速运动。当工作台 9 快速退回时，因负载小，所需压力低，溢流阀 4 关闭，液压泵 3 的流量全部进入液压缸 8，工作台 9 则实现快速运动。

若将换向阀 5 的手柄转换成图 1-3c 所示状态，则液压泵 3 输出的压力油经换向阀 5→回油管③→油箱 1。这时工作台 9 停止运动，系统处于卸荷状态。

图 1-4 所示为机床工作台液压系统的图形符号图。结构式工作原理图直观性好，容易理解，但图形复杂，绘制困难。为了简化系统图，均用元件的图形符号来绘制气压和液压传动系统图。这些符号只表示元件的职能及连接通路，而不表示其结构和性能参数。目前我国的气压与液压传动系统图采用 GB/T 786.1—2009《流体传动系统及元件图形符号和回路图 第 1 部分：用于常规用途和数据处理的图形符号》所规定的图形符号绘制。

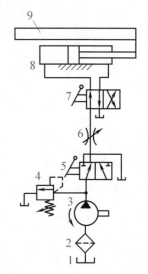

图 1-4　机床工作台液压系统的图形符号

从上面例子可以看到：液压泵（空气压缩机）将电动机的机械能转换为流体的压力能，然后通过液压缸或液压马达（气缸或气马达）将流体的压力能再转换为机械能以推动负载运动。气压与液压传动的过程：

机械能————→流体压力能————→机械能
（电动机）（液压泵、空气压缩机）[液压(气)缸,液压(气)马达]

想一想

你在日常生活中见到过哪些用气压和液压传动的机械设备？试举出几个实例说明。

二、气压与液压传动系统的组成

通过上面的例子可以看出，气压与液压传动系统主要由以下几部分组成。

（1）能源装置　把机械能转换成流体压力能的装置，常见的有空气压缩机和液压泵。

（2）执行元件　把流体的压力能转换成机械能的装置，它可以是做直线运动的气缸或液压缸，也可与是作回转运动的气马达或液压马达。

（3）控制调节元件　对系统中流体压力、流量和流动方向进行控制和调节的装置，如溢流阀、流量阀、换向阀等。

（4）辅助元件　保证系统正常工作所需的上述三种以外的装置，如油箱、过滤器、油雾器、消声器、蓄能器、管件等。

（5）传动介质　传递能量的流体，即压缩空气或液压油。

三、气压与液压传动的优缺点

与机械传动和电力拖动系统相比，气压与液压传动具有以下优缺点。

1. 气压与液压传动的优点

1）气压与液动元件的布置不受严格的空间位置限制，布局安装灵活，可构成复杂系统。

2）在运行过程中可实现无级调速，调速范围大。

3）操作控制方便、省力，易于实现自动控制，与电气、电子控制结合易于实现自动工作循环和自动过载保护。

4）气压与液动元件已标准化、系列化和通用化，便于系统的设计、制造和推广使用。

5）在输出同等功率的情况下，液压传动装置体积小、重量轻、惯性小、动态性能好。

6）气压工作介质是空气，取之不尽，用之不竭，成本低，用后排入大气不污染环境。

2. 气压与液压传动的缺点

1）在传动过程中，能量需经两次转换，故传动效率低。

2）由于传动介质的可压缩性和泄漏等因素的影响，其传动不能保证严格的传动比。

3）液压传动对油温的变化较敏感，不宜在低温、高温和温度变化很大的环境中工作。

4）液压传动不宜作远距离输送。

5）空气可压缩性大，气压传动稳定性差。

6）气压与液动元件制造精度高，系统出现故障不易查找。

总的来说，气压与液压传动的优点是主要的，其缺点将随着科学技术的发展不断得到改进。例如，将气压传动、液压传动、电力传动、机械传动合理地联合使用，构成气-液，电-液（气），机-液（气）等联合传动，以进一步发挥各自的优点，弥补某些不足。因此，气压与液压传动技术在工程实际中得到了广泛应用。

小知识：气压与液压传动的发展

当今气压传动技术已发展成包括传动、控制与检测在内的自动化技术。它在包装设备、自动化生产线和机器人等领域已成为不可或缺的技术。由于工业自动化技术的发展，气动控制技术以提高系统的可靠性、降低总成本为目标，研究和开发系统控制技术和机、电、液、气综合技术。显然，气压传动元件的微型化、节能化、无油化、位置控制高精度化以及与电子相结合的应用元件是当前的发展特点和研究方向。

随着液压机械自动化程度的不断提高，液压元件数量急剧增加，元件小型化、系统集成化是必然的发展趋势。特别是近年来机电技术的迅速发展，液压技术与传感器技术、微电子技术密切结合，出现了许多新型元件，如电液比例阀、数字阀、电液伺服液压缸等，这些机、液、电一体化元器件使液压技术正向高压、高速、大功率、节能、高效、低噪声、长寿命、高集成化等方向发展。同时，液压元件和液压系统的计算机辅助设计、计算机辅助测试、计算机实时控制也是当前液压技术的发展方向。

学习任务2　气压传动的工作介质

一、空气的湿度

自然界中的空气是由多种成分组成的，其中氮气（N_2）的体积分数为78%，氧气（O_2）为21%，其他气体为1%。此外，空气中常含有一定量的水蒸气，含有水蒸气的空气为湿空气，不含水蒸气的空气为干空气。大气中的空气基本上都是湿空气。在一定温度下，含水蒸气越多，空气就越潮湿。当温度下降时，空气中的水蒸气含量降低。

空气作为传动介质，其干湿程度对传动系统的稳定性和寿命有直接影响。因此，各种元件使用时对空气的含水量有明确规定，常采取一些措施滤除空气中的水分。

二、空气的可压缩性

空气的体积受温度和压力的影响较大，有明显的可压缩性。温度越高、压力越大，空气的可压缩性就越大。只有在一定条件下，才能将空气看作是不可压缩的。

在实际工程中，管路内气体流速较低，温度变化不大，可将气体看作是不可压缩的，其误差很小。在某些气动元件（如气缸、气马达）中，局部流速很高，则必须考虑气体的可压缩性。

三、气阻与气容

在气动系统中，为了控制运动（如气缸的调速），常用气阻来调节压力和流量的大小。所谓气阻，就是指体积小、阻力大的流通部件。其形式很多，可以做成恒定值的，也可以做成可调值的。恒定值气阻是指在一定的压降和流量时，两者的比值为定值，不可调节。

气压传动系统中储存或放出气体的空间称为气容。管道、气缸、气罐等都是气容。气动系统的运行过程，实际上存在着无数次的充、放气过程。因此，在气动系统的设计、安装、调试及维修中，必须考虑气容。例如，为了提高气压信号的传输速度，提高系统的工作频率和运行可靠性，应限制管道气容，消除气缸等执行元件的气容对控制系统的影响。又如，为了延时、缓冲等目的，应在一定的部位设置适当的气容。特别是在调试及维修中，不适当的气容往往会造成系统工作不正常。

四、气体的高速流动及噪声

气压传动设备工作时，常出现气体的高速流动，如气缸、气阀的高速排气，冲击气缸喷口处的高速流动，气动传感器的喷流等。气动设备工作时的排气，由于出口处气体急剧膨胀，会产生刺耳的噪声。噪声的强弱随排气量、排气速度和排气通道的形状而变化，排气速度和功率越大，噪声也就越大。为了降低噪声，应合理设计排气口形状并降低排气速度。

想一想

1）空气的湿度对气压传动系统有何影响？如何防止它的负面影响？

2）气压传动与液压传动系统相比较，哪个传动更为平稳？为什么？

3）家庭中常用的燃气罩、罐及相关的部件，哪些是气阻？哪些是气容？各有什么作用？

4）高速气流在经过排气通道排出时会发出刺耳的声音，有什么办法可以降低噪声？方法越多越好。

学习任务 3　液压传动的工作介质

一、了解液压油的主要物理性质

1. 液体的密度

液体的密度 ρ 是单位体积液体的质量，即

$$\rho = \frac{m}{V} \tag{1-1}$$

式中　m——液体的质量（kg）；

　　　V——液体的体积（m³）。

矿物油型液压油的密度随温度的上升而有所减小，随压力的提高而稍有增加，但变动值很小，可认为是常数。我国采用20℃时的密度作为油液的标准密度，以

ρ_{20} 表示。

2. 液体的黏性

（1）黏性的意义　液体在外力作用下流动（或有流动趋势）时，分子间的内聚力要阻止分子相对运动而产生一种内摩擦力，液体的这种性质称为黏性。液体只有在流动（或有流动趋势）时才会呈现出黏性，黏性使流动液体内部各处的速度不相等。静止液体不呈现黏性。

（2）液体的黏度　液体黏性的大小用黏度来表示，常用的黏度有三种，即动力黏度、运动黏度和相对黏度。

1）动力黏度 μ。动力黏度又称绝对黏度，它是表征液体黏性的内摩擦因数，单位为 Pa·s。

2）运动黏度 ν。运动黏度是动力黏度与液体密度的比值，即 $\nu=\mu/\rho$，单位为 m^2/s。运动黏度 ν 无明确的物理意义，但 ISO 规定统一采用运动黏度来标识液体黏度，液压油的牌号就是采用它在 40℃时运动黏度（以 mm^2/s 计）的平均值来标号的。例如，L-HL32 普通液压油在 40℃时的运动黏度的平均值为 $32mm^2/s$。

3）相对黏度。相对黏度又称条件黏度，由于测量仪器和条件不同，各国相对黏度的含义也不同，如美国采用赛氏黏度（SSU），英国采用雷氏黏度（R），而我国和一些欧洲国家采用恩氏黏度 $°E$。恩氏黏度 $°E$ 用恩氏黏度计测定。

恩氏黏度与运动黏度（m^2/s）的换算关系为

当 $1.35 \leqslant °E \leqslant 3.2$ 时：

$$\nu=\left(8°E-\frac{8.64}{°E}\right)\times 10^{-6} \tag{1-2}$$

当 $°E>3.2$ 时：

$$\nu=\left(7.6°E-\frac{4}{°E}\right)\times 10^{-6} \tag{1-3}$$

4）调和油的黏度。当油液产品的黏度不符合要求时，可将同一型号的两种黏度不同的油按适当的比例混合起来使用，称为调和油。调和油的黏度可用下面经验公式计算：

$$°E=\frac{a_1°E_1+a_2°E_2-c(°E_1-°E_2)}{100} \tag{1-4}$$

式中　$°E_1$、$°E_2$——混合前两种油液的恩氏黏度，取 $°E_1>°E_2$；

　　　　$°E$——混合后的调和油的恩氏黏度；

a_1、a_2——两种油液各占的百分数（$a_1 + a_2 = 100\%$）；

c——实验系数，见表1-1。

表1-1 实验系数 c 的值

a_1	10	20	30	40	50	60	70	80	90
a_2	90	80	70	60	50	40	30	20	10
c	6.7	13.1	17.9	22.1	25.5	27.9	28.2	25	17

3. 黏度与温度的关系

液压油黏度对温度的变化十分敏感，如图1-5所示，温度升高，黏度下降。这种油液黏度随温度变化的性质称为黏温特性。由图1-5可见，温度对液压油黏度影响较大，必须引起重视。

4. 液体的可压缩性

液体受压力作用而体积发生变化的性质，称为液体的可压缩性。

对于一般液压系统，压力不高时液体的可压缩性很小，因此可认为液体是不可压缩的；而在压力变化很大的高压系统中，就必须考虑液体可压缩性的影响。当液体混入空气时，其可压缩性

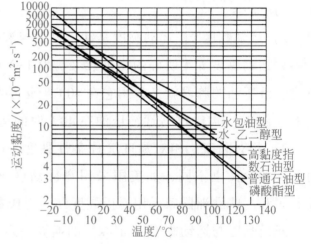

图1-5 黏度与温度的关系

将显著增加，并将严重影响液压系统的工作性能。因此，应将液压系统油液中的空气含量减小到最低限度。

想一想

1）把分别盛有水和某种油液的两个容器放在桌面上，试问这两种液体哪种黏度大？为什么？

2）液压油的黏度是否受温度的影响？如何影响？请举例说明。

二、工作介质的选用

1. 液压系统对工作介质的要求

在液压系统中，工作介质除传递运动和动力外，还起润滑和散热的作用，为

此，应具备以下性能：

1）适当的黏度，较好的黏温特性。

2）润滑性能好。在工作压力和温度发生变化时，应具有较高的油膜强度。

3）成分纯，杂质少。

4）对金属和密封件有良好的相容性，即不发生化学反应，密封时也不会变质损坏。

5）具有良好的化学稳定性和热稳定性，油液不易氧化、不易变质。

6）抗泡沫性好，抗乳化性好，腐蚀性小，防锈性好。

7）流动点和凝固点低，闪点（明火能使油面上油蒸气闪燃，但油本身不燃烧时的温度）和燃点高。

8）对人体无害，成本低。

2. 工作介质的种类

工作介质的种类很多，主要有石油型、乳化型和合成型三类，其特性和用途见表 1-2。

表 1-2　液压油的主要品种及其特性和用途

分类	名 称	代号	主 要 用 途
石油型	普通液压油	L-HL	适用于工作压力为 7～14MPa 的液压系统及精密机床液压系统（环境温度为 0℃以上）
	抗磨液压油	L-HM	适用于低、中、高压液压系统,特别适用于有抗磨要求并带叶片泵的液压系统
	低温液压油	L-HV	适用于 -25℃ 以上的高压、高速工程机械,农业机械和车辆的液压系统(加降凝剂等,可在 -40～-20℃ 下工作)
	高黏度指数液压油	L-HR	适用于数控精密机床的液压系统和伺服系统
	液压导轨油	L-HG	适用于导轨和液压系统共用一种油品的机床,对导轨有良好的润滑性和防爬性
	全损耗系统用油	L-HH	浅度精制矿油,抗氧化性、抗泡沫性较差,主要用于机械润滑,可做液压代用油,用于要求不高的低压系统
	汽轮机油	L-TSA	深度精制矿油加添加剂,改善抗氧化、抗泡沫等性能,为汽轮机专用油,可做液压代用油,用于要求不高的低压系统
	其他液压油		加入多种添加剂,用于高品质的专用液压系统
乳化型	水包油乳化液	L-HFA	又称高水基液,特点是难燃、温度特性好,有一定的防锈能力,润滑性差,易泄漏,适用于有抗燃要求、油液用量大且泄漏严重的系统
	油包水乳化液	L-HFB	既具有石油型液压油的抗磨、防锈性能,又具有抗燃性,适用于有抗燃要求的中压系统
合成型	水-乙二醇液	L-HFC	难燃,黏温特性和耐蚀性好,能在 -30～60℃ 温度范围使用,适用于有抗燃要求的中低压系统
	磷酸酯液	L-HFDR	难燃,润滑抗磨性能和抗氧化性能良好,能在 -54～135℃ 温度范围内使用;缺点是有毒。适用于有抗燃要求的高压精密液压系统

3. 工作介质的选用

（1）工作介质的类型　应根据其工作性质和工作环境要求来选择。

（2）工作介质的牌号　主要是根据工作条件选用适宜的黏度。选择时应考虑液压系统在以下几方面的情况：

1）工作压力。工作压力较高的系统宜选用黏度较大的液压油，以减小泄漏。

2）运动速度。当液压系统的工作部件运动速度较高时，宜选用黏度较小的液压油，以减少液流的摩擦损失。

3）环境温度。环境温度较高时，宜选用黏度较大的液压油。

另外，也可根据液压泵的类型及工作情况选择液压油的黏度。各类液压泵适用的黏度范围可查阅有关液压手册。

学习任务4　流体的压力和流量

压力和流量是流体传动及其控制技术中最基本、最重要的两个技术参数。

一、压力

1. 液体静压力及其特性

（1）液体静压力　当液体相对静止时，液体单位面积上所受的法向力称为压力，相当于物理学中的压强，即

$$p = \frac{F}{A} \tag{1-5}$$

式中　F——法向力（N）；

A——受力面积（m^2）。

液体静压力 p 的单位为 N/m^2 或 Pa，工程中也常采用 kPa 和 MPa，换算关系为 $1MPa = 10^3 kPa = 10^6 Pa$。

当液体受到外力的作用时，就形成液体的压力，如图1-6所示。

（2）液体静压力的特性

1）液体静压力的方向总是沿作用面的内法线方向。

2）静止液体内任一点处的静压力在各个方向上

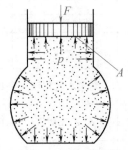

图1-6　外力作用形成的压力

都相等。

2. 液体静力学基本方程

如图 1-7 所示，密度为 ρ 的液体在容器内处于静止状态，作用在液面上的压力为 p_0，距液面深度为 h 处某点的压力为 p，则

$$p = p_0 + \rho g h \qquad (1\text{-}6)$$

式（1-6）称为液体静力学基本方程。由式（1-6）可知：

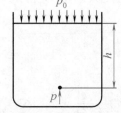

图 1-7　静止液体内的
压力分布规律

1）静止液体内任一点处的压力由两部分组成：一部分是液面上的压力 p_0，另一部分是液柱的重力所产生的压力 $\rho g h$。当液面上只受大气压力 p_a 时，则

$$p = p_a + \rho g h \qquad (1\text{-}7)$$

2）静压力随液体深度呈线性规律递增。

3）离液面深度相同处各点的压力均相等，由压力相等的点组成的面称为等压面，此等压面为一水平面。

3. 压力的测量与表示方法

压力的表示方法有两种，即绝对压力和相对压力。绝对压力是以绝对真空作为基准所表示的压力，而相对压力是以大气压力作为基准所表示的压力。由于大多数测压仪表所测得的压力都是相对压力，所以相对压力也称为表压力。绝对压力和相对压力的关系如下：

绝对压力 = 相对压力 + 大气压力

当绝对压力小于大气压力时，比大气压力小的那部分数值称为真空度，即

真空度 = 大气压力 - 绝对压力

绝对压力、相对压力和真空度的相互关系见图 1-8。

4. 压力的形成与传递

由静力学基本方程可知，液体的压力是靠外力作用而形成的。在密闭容器中的静止液体，当一处受到外力作用而产生压力时，这个压力将通过液体等值传递到液体内部的各点。这就是静压传递原理，又称帕斯卡原理。在图 1-9 所示密闭连通器

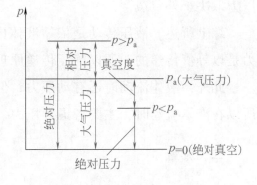

图 1-8　绝对压力、相对压力和真空度的相互关系

中，各容器上压力表指示的数值都相同。

例1-1 图1-10所示为相互连通的两个液压缸，已知大缸内径 $D = 100\text{mm}$，小缸内径 $d = 30\text{mm}$，大活塞上放一重物 $G = 20\text{kN}$。问在小活塞上应加多大的力 F_1，才能使大活塞顶起重物？

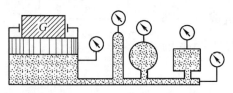

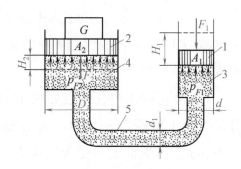

图1-9 密闭连通器内压力处处相等

图1-10 例1-1图

1、2—活塞 3、4—液压缸 5—管路

解：根据帕斯卡原理，由外力产生的压力在两缸中相等，即

$$\frac{4F_1}{\pi d^2} = \frac{4G}{\pi D^2}$$

故顶起重物时在小活塞上应加的力为

$$F_1 = \frac{d^2}{D^2}G = \frac{30^2}{100^2} \times 20000\text{N} = 1800\text{N}$$

由例1-1可知，液压装置具有力的放大作用。液压机和液压千斤顶就是利用这个原理进行工作的。

如果 $G = 0$，则不论怎样推动小活塞，也不能在液体中形成压力，即 $p = 0$；反之，G 越大，液压缸中的压力也越大，推力也就越大。这说明了液压系统的工作压力取决于外负载。

综上所述，液压传动是依靠液体内部的压力来传递动力的，在密闭容器中压力是以等值传递的。所以静压传递原理是液压传动的基本原理之一。

此外，液体流动时还有动压力，但在一般液压传动中动压力很小，可以不计。所以在液体流动时，主要考虑静压力。

二、流量

液压传动是依靠密封容积的变化来传递运动的，而密封容积的变化必然引起液体的流动。为此，需要了解有关液体流动的一些基本概念和规律。

1. 流量和平均流速

（1）通流截面 垂直于液体流动方向的截面。

（2）流量 q 单位时间内流过某一通流截面的液体体积，即

$$q = \frac{V}{t} \qquad (1-8)$$

式中 V——液体体积（m^3）；

t——液体流过某一通流截面的时间（s）。

流量 q 的单位为 m^3/s 或 L/min，换算关系为 $1m^3/s = 6 \times 10^4 L/min$。

（3）平均流速 v 液体流动时，由于黏性的作用，使得在同一截面上各点的流速不同，分布规律较为复杂（图 1-11），计算很不方便。现假设通流截面上各点的流速相同，液体以此平均流速 v 流过通流截面的流量与以实际流速 u 流过的流量相等，这时的流速称为平均流速，即

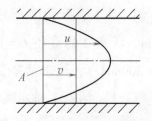

图 1-11 实际流速和平均流速

$$v = \frac{q}{A} \qquad (1-9)$$

式中 A——通流截面的面积。

在液压缸中，液体的流速即为平均流速，它与活塞的运动速度相同，从而可以建立起活塞运动速度与液压缸有效作用面积和流量之间的关系。当液压缸的有效作用面积一定时，活塞运动速度取决于流入液压缸的流量。

2. 液体的流动状态

（1）层流 液体的各质点间互不干扰，平行于管道轴线呈线性或层状流动，如图 1-12a 所示。

（2）湍流 液体各质点的运动杂乱无章，除了平行于管道轴线的运动外，还存在着剧烈的横向运动，如图 1-12b 所示。

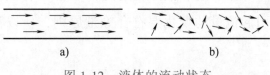

a)   b)

图 1-12 液体的流动状态

a）层流 b）湍流

三、液流连续性原理

根据质量守恒定律，液体流动时其质量既不能增加，也不会减少，而且液体流动时又被认为是几乎不可压缩的。这样，液体流经无分支管道时，每一通流截

面上通过的流量一定是相等的，这就是液流连续性原理。在图1-13所示管道中，流过截面1和截面2的流量分别为q_1和q_2，则

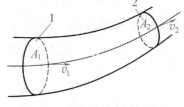

图1-13 液流连续性原理

$$q_1 = q_2$$

即

$$v_1 A_1 = v_2 A_2 = 常量 \qquad (1\text{-}10)$$

式（1-10）表明，液体流动时，通过管道不同截面的平均流速与其截面积大小成反比，即管径粗的地方流速慢，管径细的地方流速快。

例1-2 如图1-10所示，液压千斤顶在压油过程中，已知活塞1的直径$d = 30mm$，活塞2的直径$D = 100mm$，管道5的直径$d_1 = 15mm$。假定活塞1的下压速度为200mm/s，试求活塞2的上升速度和管道5内液体的平均流速。

解：1）活塞1排出的流量为

$$q_1 = A_1 v_1 = \frac{\pi d^2}{4} v_1 = \frac{3.14 \times 0.03^2}{4} \times 0.2 \, \text{m}^3/\text{s} = 1.413 \times 10^{-4} \, \text{m}^3/\text{s}$$

2）根据连续性原理，推动活塞2上升的流量$q_2 = q_1$，由式（1-9）可得活塞2的上升速度为

$$v_2 = \frac{q_2}{A_2} = \frac{4q_2}{\pi D^2} = \frac{4 \times 1.413 \times 10^{-4}}{3.14 \times 0.1^2} \, \text{m/s} = 0.018 \, \text{m/s}$$

3）同理，在管道5内，流量$q_5 = q_1 = q_2$，所以

$$v_5 = \frac{q_5}{A_5} = \frac{4q_5}{\pi d_1^2} = \frac{4 \times 1.413 \times 10^{-4}}{3.14 \times 0.015^2} \, \text{m/s} = 0.8 \, \text{m/s}$$

综上所述，液压传动是依靠密封容积的变化传递运动的，而密封容积的变化所引起流量的变化要符合等量原则，所以液流连续性原理也是液压传动的基本原理之一。

想一想

液压缸有效作用面积一定时，其活塞运动的速度由什么决定？

四、液体流动时的压力损失

实际液体具有黏性，因而流动时存在阻力，为了克服阻力就会造成一部分能量的损失，具体表现为液体的压力损失。

液体的压力损失可分为两种，即沿程压力损失和局部压力损失。

1. 沿程压力损失 Δp_λ

沿程压力损失是液体在等径直管中流动时因内外摩擦而产生的压力损失，它主要取决于液体的流速、黏性和管路的长度以及油管的内径等。Δp_λ 的计算请查阅有关手册。

2. 局部压力损失 Δp_ξ

液体流经管道的弯头、接头、突变截面以及阀口时，致使流速的方向和大小发生剧烈变化，形成旋涡、脱流，因而使液体质点相互撞击，造成的压力损失称为局部压力损失。液体流经管道的局部压力损失 Δp_ξ 的计算可查阅有关手册。

液体流过各种阀类的局部压力损失 Δp_ξ 常用下列经验公式计算：

$$\Delta p_\xi = \Delta p_n \left(\frac{q}{q_n} \right)^2 \tag{1-11}$$

式中　q_n——阀的额定流量；

　　Δp_n——阀在额定流量下的压力损失（可查阅阀的样本手册）；

　　q——通过阀的实际流量。

3. 管路系统的总压力损失 $\sum \Delta p$

管路系统的总压力损失为所有沿程压力损失和所有局部压力损失之和，即

$$\sum \Delta p = \sum \Delta p_\lambda + \sum \Delta p_\xi \tag{1-12}$$

液压传动中的压力损失会造成功率损耗、油液发热、泄漏增加，使液压元件因受热膨胀而"卡死"。因此，应尽量减少压力损失。只要油液黏度适当、管道内壁光滑，尽量缩短管道长度，减少管道截面的变化及弯曲，就能使压力损失控制在较小的范围内。

学习任务5　液压冲击和空穴现象

一、液压冲击

在液压系统中，由于某种原因而引起油液的压力在瞬间急剧升高，这种现象称为液压冲击。

液压系统中产生液压冲击的原因很多，如液流速度突变（如关闭阀门）或突然改变液流方向（换向）等因素，都将引起系统中油液压力的猛然升高而产生液

压冲击。液压冲击会引起振动和噪声，导致密封装置、管路等液压元件的损坏，有时还会使某些元件，如压力继电器、顺序阀等产生误动作，影响系统的正常工作。因此，必须采取有效措施来防止或减轻液压冲击。

避免产生液压冲击的基本措施是尽量避免液流速度发生急剧变化，延缓速度变化的时间，具体办法是：

1）缓慢开关阀门。

2）限制管路中液流的速度。

3）在系统中设置蓄能器和安全阀。

4）在液压元件中设置缓冲装置（如节流孔）。

二、空穴现象

在液压系统中，由于流速突然变大、供油不足等原因，压力会迅速下降，降至低于空气分离压时，原先溶解于油液中的空气游离出来形成气泡，这些气泡夹杂在油液中形成气穴，这种现象称为空穴现象。

当液压系统中产生空穴现象时，大量的气泡破坏了油液的连续性，造成流量和压力脉动；当气泡随油液流进入高压区时又急剧破灭，引起局部液压冲击，使系统产生强烈的噪声和振动。当附着在金属表面上的气泡破灭时，它所产生的局部高温和高压作用，以及油液中逸出的气体的氧化作用，会使金属表面剥蚀或出现海绵状的小洞穴。这种因空穴造成的腐蚀作用称为气蚀。气蚀会缩短元件寿命。

气穴多发生在阀口和液压泵的进口处。由于阀口的通道狭窄，流速增大，压力大幅度降低，以致产生气穴。当泵的安装高度过大或油面不足时，吸油管直径太小，吸油阻力大，过滤器阻塞，造成进口处真空度过大，也会产生空穴。为了减小空穴和气蚀的危害，一般可采取下列措施：

1）减小液流在间隙处的压降，一般希望间隙前、后的压力比小于3.5。

2）降低泵的吸油高度，适当加大吸油管内径，限制吸油管的流速，及时清洗过滤器。对高压泵可采用辅助泵供油。

3）管路要有良好的密封，以防止进入空气。

想一想

1）为什么说液压系统的工作压力取决于外负载？

2）在液压系统中，油液流经直管时压力损失大还是流经局部障碍时压力损失大？

单 元 小 结

1）气压与液压传动是以流体（压缩空气或液压油）为工作介质进行能量传递和控制的一种传动形式。

2）气压与液压传动的过程：

机械能————→流体压力能————→机械能

（电动机）　　（液压泵、空气压缩机）　[液压(气)缸，液(气)压马达]

3）气压与液压系统由能源装置、执行元件、控制调节元件、辅助元件和传动介质五部分组成。

4）空气的基本性质有空气的湿度、空气的可压缩性、气阻和气容、气体高速流动噪声等。它们对气动系统将产生不同的影响。

5）液体的黏度有三种：动力黏度、运动黏度和相对黏度。

6）通常根据系统的工作环境、工作压力、运动速度、液压泵的类型来选择液压油的品种和黏度。

7）液压系统的压力取决于外负载，执行元件的运动速度取决于输入流量。

8）液体的平均流速与通流截面的面积成反比。

9）液压系统中的压力损失分为沿程压力损失和局部压力损失。

10）在液压系统中应尽量避免液压冲击和空穴现象的产生。

思 考 与 练 习

1. 什么是液压传动？什么是气压传动？

2. 液压与气压传动系统有哪些基本组成部分？试说明各组成部分的作用。

3. 液压传动与气压传动有何异同？

4. 一个工厂能否采用一个液压泵站集中供给压力油？请说明理由。

5. 填空题

1）液体的黏性是＿＿＿＿＿＿＿＿＿＿＿＿＿＿＿＿＿＿＿＿＿＿＿＿，
常用的黏度有＿＿＿＿＿＿、＿＿＿＿＿＿＿＿和＿＿＿＿＿＿。

2）液体静力学的基本方程式是＿＿＿＿＿＿＿＿＿＿＿＿＿＿＿＿＿＿。

3）液体的流动状态可分为＿＿＿＿＿＿和＿＿＿＿＿＿。

4）液体在管道中流动时的压力损失可分为＿＿＿＿＿和＿＿＿＿＿。

6. 选择题

1）普通压力表所测得的压力值表示（　　）。

A. 大气压力　B. 绝对压力　C. 相对压力　D. 真空度

2）在静止的液体内部某一深度处的一点，所受到的压力是（　　）。

A. 向上的压力大于向下的压力　　　B. 向下的压力大于向上的压力

C. 左右两侧的压力小于向下的压力　D. 各个方向的压力都相等

3）理想液体在同一管道中稳定流动时，任意两截面的流量（　　）。

A. 都不相等　B. 都相等　C. 都等于零

4）已知通过某阀的额定流量为 25L/min，额定压力损失为 0.5MPa，当该阀实际流过流量为 10L/min 时，其压力损失为（　　）。

A. 0.08MPa　B. 0.5MPa　C. 0.2MPa

7. 液压油的体积为 $18 \times 10^{-3} m^3$，质量为 16.1kg，求此液压油的密度。

8. 有两种液压油，在相同温度下，甲液压油 21L，$°E_1 = 5$；乙液压油 9L，$°E_2 = 7$。将两种油混合，试求混合油的黏度。

9. 液压油有哪些主要类型？选用液压油时应考虑哪些主要因素？

10. 液压传动中对液压油的主要要求有哪些？液压油为什么要定期更换？

11. 解释如下概念：通流截面、流量、平均流速。

12. 什么是液体的静压力？液体的静压力有哪些特性？压力是如何传递的？

13. 如图 1-14 所示，液压千斤顶柱塞的直径 $D = 34mm$，活塞的直径 $d = 13mm$，杠杆长度如图所示。问杠杆端点应加多大的力（F）才能将 $5 \times 10^4 N$ 的重物顶起？

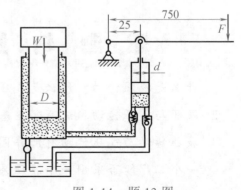

14. 液压冲击和空穴现象是如何产生的？有何危害？如何防止？

图 1-14　题 13 图

单元2

气源装置及辅助元件

气源装置为气动系统提供满足一定质量要求的压缩空气,它是气动系统的动力部分。这部分元件性能的好坏直接关系到气动系统能否正常工作。辅助元件是保证气动系统正常工作必不可少的组成部分。

【学习目标】

➡掌握空气压缩机的工作原理、结构与选用方法。

➡掌握压缩空气净化装置的工作原理、结构与作用。

➡认识气源装置和辅助元件实物。

➡学会选用、安装与连接辅助元件。

学习任务1　气源装置

一、气源装置的作用和工作原理

气源装置是气动系统的一个重要组成部分,它为气动系统提供具有一定压力和流量的压缩空气,同时要求提供的气体是清洁、干燥的。若不能完全满足以上条件,就会加速系统的中期老化过程。气源装置实物如图2-1所示。

一般气源装置通常由以下几个部分组成:

1)空气压缩机。

2)储存、净化压缩空气的装置和设备。

3)传输压缩空气的管路系统。

图2-2所示为气源装置组成示意图。图中1为空气压缩机,用以产生压缩空

图 2-1　气源装置实物

气，一般由电动机带动。其吸气口装有空气过滤器，用以减少进入空气压缩机中气体的杂质。2 为后冷却器，用以冷却压缩空气，使气化的水、油凝结出来。3 为油水分离器，用以分离并排出冷却凝结的水滴、油滴、杂质等。4 为气罐，用以储存压缩空气，稳定压缩空气的压力，并除去部分油分和水分。5 为干燥器，用以进一步吸收或排除压缩空气中的水分及油分，使之变成干燥空气。6 为过滤器，用以进一步过滤压缩空气中的灰尘、杂质颗粒。气罐 4 输出的压缩空气可用于一般要求的气压传动系统，气罐 7 输出的压缩空气可用于要求较高的气动系统（如自动化仪表及射流元件组成的控制回路等）。

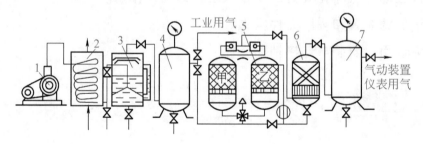

图 2-2　气源装置组成示意图

1—空气压缩机　2—后冷却器　3—油水分离器　4、7—气罐　5—干燥器　6—过滤器

二、空气压缩机

1. 空气压缩机的分类

　　空气压缩机是产生和输送压缩空气的装置，它将机械能转换为气体的压力能。按其工作原理的不同可分为容积式和动力式两类。在气压传动系统中，一般都采用容积式空气压缩机，其实物如图 2-3 所示。

图 2-3　容积式空气压缩机

容积式空气压缩机是通过机件的运动使气缸容积发生周期性变化，从而完成对空气的吸入和压缩过程。这种压缩机又有几种不同的结构形式，其中活塞式是最常用的一种。

2. 空气压缩机的工作原理

常用的活塞式空气压缩机有卧式和立式两种结构形式。卧式空气压缩机的工作原理如图 2-4 所示，它是利用曲柄滑块机构将电动机的回转运动转变为活塞的往复直线运动。当活塞 3 向右运动时，气缸 2 的容积增大，压力降低，排气阀 1 关闭，外界空气在大气压的作用下推开吸气阀 9 进入气缸内，此过程称为吸气过程。当活塞 3 向左运动时，气缸 2 的容积减小，空气受到压缩，压力逐渐升高而使吸气阀 9 关闭，排气阀 1 被打开，压缩空气经排气口进入气罐，这一过程称为压缩过程。单级单缸压缩机就是这样循环往复运动，不断产生压缩空气。大多数空气压缩机是多缸多活塞的组合。

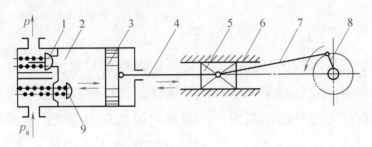

图 2-4　卧式空气压缩机的工作原理

1—排气阀　2—气缸　3—活塞　4—活塞杆　5—滑块　6—滑道
7—连杆　8—曲柄　9—吸气阀

动画：活塞式空气
压缩机工作原理

3. 空气压缩机的选用

空气压缩机的选用应以气压传动系统所需要的工作压力和流量两个参数为依据。一般气动系统需要的工作压力为 0.5~0.8MPa，因此选用额定排气压力为 0.7~1MPa 的低压空气压缩机。此外还有中压空气压缩机，额定排气压力为 1MPa；高压空气压缩机，额定排气压力为 10MPa；超高压空气压缩机，额定排气压力为 100MPa。输出流量要根据整个气动系统对压缩空气的需要，再加一定的备用余量，作为选择空气压缩机流量的依据。一般空气压缩机按流量可分为微型（流量小于 $1m^3/min$）、小型（流量在 $1~10m^3/min$）、中型（流量在 $10~100m^3/min$）、大型（流量大于 $100m^3/min$）。

三、压缩空气的净化装置

由空气压缩机输出的压缩空气,虽然能够满足一定的压力和流量的要求,但不能直接被气动装置使用。因为一般气动设备所使用的空气压缩机都是属于工作压力较低(小于1MPa)、用油润滑的活塞式空气压缩机。它从大气中吸入含有水分和灰尘的空气,经压缩后空气温度升高到140~170℃,这时压缩机气缸里的润滑油也部分地成为气态。这样油分、水分以及灰尘便形成混合的胶体微雾及杂质,混合在压缩空气中一同排出。如果将此压缩空气直接送给气动装置使用,将会影响设备的寿命,严重时导致整个气动系统工作不稳定甚至失灵。因此,必须设置一些除油、除水、除尘并使压缩空气干燥的气源净化处理辅助设备,以提高压缩空气质量。

压缩空气净化设备一般包括后冷却器、油水分离器、干燥器、空气过滤器、气罐。

1. 后冷却器

后冷却器安装在空气压缩机出口管道上,空气压缩机排出温度为140~170℃的压缩空气经过后冷却器,温度降至40~50℃。这样,就可使压缩空气中的油雾和水汽迅速达到饱和而使大部分凝结析出。冷却器一般都是水冷式的换热器,如图2-5所示。热的压缩空气由管内流过,冷却水在管外的水套中流动进行冷却。为了增强降温效果,在安装使用时要特别注意冷却水与压缩空气的流动方向(图中箭头所指)。

2. 油水分离器

油水分离器安装在后冷却器后的管道上,它的作用是分离压缩空气中凝结的水分、油分和灰尘等杂质,使压缩空气得到初步净化。其结构形式有环形回转式、撞击折回式、旋转离心式、水浴式及以上形式的组合等。

(1)撞击折回式油水分离器 其结构如图2-6a所示,当压缩空气由进气口4进入分离器壳体以后,气流先受到隔板2的阻挡,被撞击而折回向下(图中箭头所指);之后又上升并产生环形回转,最后从输出口3排出。与此同时,在压缩空气中凝结的水滴、油滴等杂质,受惯性力的作用而分离析出,沉降于壳体底部,由放油水阀6定期排出。

为了增强油水分离的效果,气流回转后上升的速度不能太快,一般不超过1m/s。通常油水分离器的高度 H 为其内径 D 的3.5~5倍。图2-6b、c所示分别为

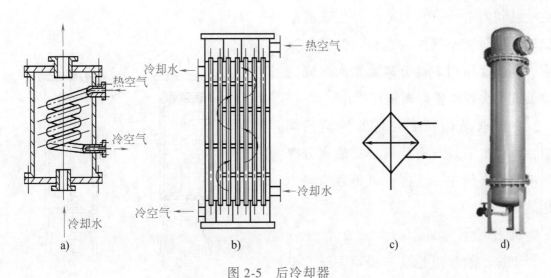

图 2-5　后冷却器

a）蛇管式　b）列管式　c）图形符号　d）实物

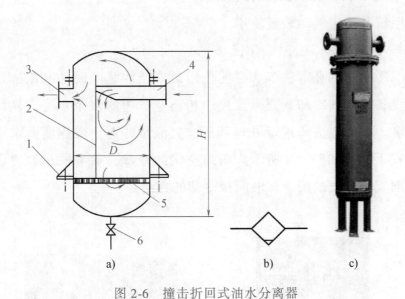

图 2-6　撞击折回式油水分离器

a）结构　b）图形符号　c）实物

1—支架　2—隔板　3—输出口　4—进气口　5—栅板　6—放油水阀

其图形符号与实物。

（2）水浴式油水分离器　图 2-7 中 1 即为水浴式油水分离器，压缩空气从管道进入分离器底部后，经水洗和过滤后从出口输出。其优点是可清除压缩空气中大量的油分等杂质；缺点是当工作时间稍长时，液面会漂浮一层油污，需经常清洗和排除。

（3）旋转离心式油水分离器　图 2-7 中 2 即为旋转离心式油水分离器，压缩空气从切向进入分离器后，产生强烈的旋转，使压缩空气中的水滴、油滴等杂质，在惯性作用下被分离出来而沉降到容器底部，再由排污阀定期排出。

在要求净化程度较高的气动系统中，可将水浴式与旋转离心式油水分离器串联组合使用，这样可以显著增强净化效果。

3. 干燥器

干燥器的作用是进一步除去压缩空气中含有的少量油分、水分、粉尘等杂质，使压缩空气干燥，提供给要求气源质量较高的系统及精密气动装置使用。

压缩空气的干燥方法主要有机械

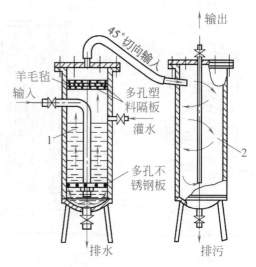

图 2-7　水浴式和旋转离心式油水
分离器串联结构

1—水浴式油水分离器　2—旋转离心式油水分离器

法、离心法、冷冻法和吸附法等。目前使用最广泛的是吸附法和冷冻法。冷冻法是利用制冷设备使空气冷却到露点温度，析出空气中的多余水分，从而达到所需要的干燥程度。这种方法适用于处理低压、大流量并对干燥程度要求不高的压缩空气。冷冻式干燥器如图 2-8 所示。压缩空气的冷却，除可采用制冷设备外，也可采用制冷剂直接蒸发或用冷却液间接冷却的方法。

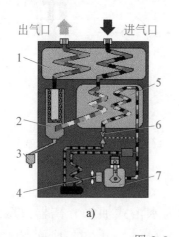

a)

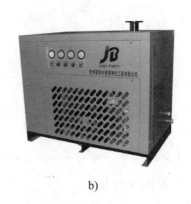

b)

图 2-8　冷冻式干燥器

a）工作原理　b）实物

1—热交换器　2—空气过滤器　3—自动排水器　4—冷却风扇

5—制冷器　6—恒温器　7—冷媒压缩机

图 2-9 所示为吸附式干燥器，它是利用硅胶、活性氧化铝、焦炭或分子筛等具有吸附性能的干燥剂来吸附压缩空气中的水分，以达到干燥压缩空气的目的。吸附法的除水效果最好。

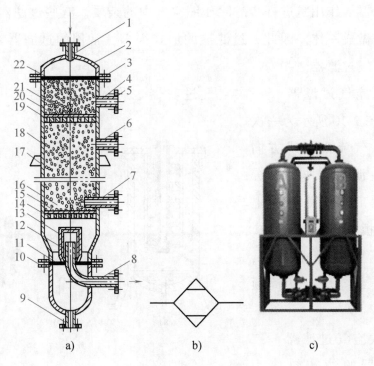

图 2-9　吸附式干燥器

a）结构　b）图形符号　c）实物

1—湿空气进气管　2—顶盖　3、5、10—法兰　4、6—再生空气排气管　7—再生空气进气管

8—干燥空气输出管　9—排水管　11、22—密封垫　12、15、20—钢丝过滤网　13—毛毡

14—下栅板　16、21—干燥剂　17—支撑板　18—外壳　19—上栅板

由于水分和干燥剂之间没有化学反应，所以不需要更换干燥剂，但当干燥器使用一段时间后，干燥剂吸水达到饱和状态而失去吸附能力，因此需设法除去干燥剂中的水分，使其恢复干燥状态，以便继续使用，这就是干燥剂再生。其过程是：先将干燥器的进、出气管关闭，使其脱离工作状态，然后从再生空气进气管7 输入干燥的热空气（温度一般为 180~200℃）。热空气通过吸附层时将其所含水分蒸发成水蒸气并一起由再生空气排气管 4、6 排出。经过一定的再生时间后，干燥剂被干燥并恢复了吸湿能力。这时，将再生空气的进、排气管关闭，将压缩空气的进、出气管打开，干燥器便恢复工作状态。因此，为保证供气的连续性，一般气源系统设置两套干燥器，一套用于空气干燥，另一套用于干燥剂再生，两套

交替工作。

4. 空气过滤器

空气的过滤是气动系统中的重要环节。不同的场合，对压缩空气的过滤要求也不同。过滤器的作用是进一步滤除压缩空气中的杂质。有些过滤器常与干燥器、油水分离器等做成一体。因此，过滤器的形式很多，常用的过滤器有一次空气过滤器和二次空气过滤器。

（1）一次空气过滤器　一次空气过滤器也称简易过滤器，其滤灰效率为50%~70%。图2-10所示为一次空气过滤器。气流由切线方向进入筒内，在惯性的作用下分离出液滴，然后气体由下向上通过多孔钢板、毛毡、硅胶、焦炭、滤网等过滤吸附材料，干燥清洁的压缩空气便从筒顶输出。

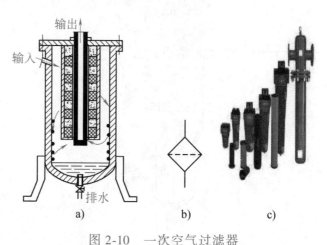

图2-10　一次空气过滤器

a）结构　b）图形符号　c）实物

（2）二次空气过滤器　二次空气过滤器的滤灰效率为70%~99%。排水过滤器即属于二次空气过滤器，它和减压阀、油雾器一起称为气源处理装置，是气动设备之前必不可少的辅助装置。排水过滤器的结构如图2-11a所示，其工作原理：压缩空气从输入口进入后，被引入旋风叶子1处，旋风叶子上有很多成一定角度的缺口，迫使空气沿切线方向运动产生强烈的旋转。夹杂在气体中较大的水滴、油滴等在惯性作用下与存水杯3内壁碰撞，并分离出来沉到杯底；而微粒灰尘和雾状

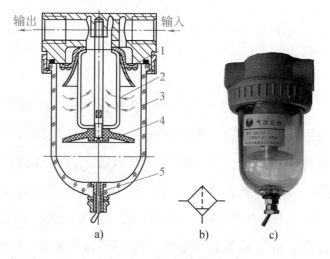

图2-11　排水过滤器

a）结构　b）图形符号　c）实物

1—旋风叶子　2—滤芯　3—存水杯

4—挡水板　5—手动排水阀

水汽则在气体通过滤芯 2 时被拦截而滤去，洁净的空气便从输出口输出。为了防止气体旋涡将存水杯中积存的污水卷起而破坏过滤作用，在滤芯下部设有挡水板 4。此外，为了保证分水滤气器正常工作，必须将污水通过手动排水阀 5 及时放掉。图 2-11b、c 所示分别为其图形符号与实物。

5. 气罐

气罐的主要作用：储存一定数量的压缩空气，以解决空气压缩机输出气量和气动设备耗气量之间的不平衡；减小气源输出气流脉动，保证输出气流的连续性和平稳性；减弱空气压缩机排气压力脉动引起的管道振动；进一步分离压缩空气中的水分和油分等。

气罐一般采用焊接结构，以立式居多，其结构如图 2-12a 所示。气罐的高度 H 为其内径 D 的 2~3 倍。进气口在下，出气口在上，并尽可能加大两管口之间的距离，以利于充分分离空气中的杂质。气罐上设有安全阀，其调整压力为工作压力的 1.1 倍；装设压力表指示罐内压力；底部设排放油、水的接管和阀门。选择气罐容积时，可参考下列经验公式：

$$V_c = 0.2q\,(q < 0.1\mathrm{m^3/s})$$
$$V_c = 0.15q\,(q = 0.1 \sim 0.5\mathrm{m^3/s})$$
$$V_c = 0.1q\,(q > 0.5\mathrm{m^3/s})$$

式中　q——空气压缩机的额定排气量（$\mathrm{m^3/s}$）；

　　　V_c——气罐容积（$\mathrm{m^3}$）。

图 2-12b、c 所示分别为气罐的图形符号与实物。

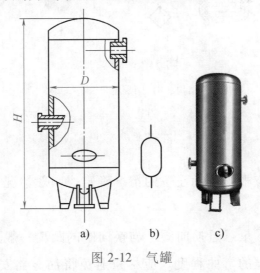

图 2-12　气罐

a）结构　b）图形符号　c）实物

学习任务2　其他辅助元件的工作原理及选用

一、油雾器

油雾器是一种特殊的注油装置。其作用是使润滑油雾化后，随压缩空气一起进入需要润滑的部件，达到润滑的目的。

图 2-13a 所示为油雾器的结构。压缩空气由输入口进入后，一部分由小孔 a 通过特殊单向阀进入存油杯 5 的上腔 c，油面受压，使油经过吸油管 6 将钢球 7 顶起，钢球 7 不能封住它到节流阀的通油孔，油可以不断地经节流阀 1 的阀口流入滴油管，再滴入喷嘴 11 中，被主通道中的高速气流引射出，雾化后从输出口输出。节流阀 1 可以以 0~120 滴/min 的速度调节滴油量，可通过视油器 8 观察滴油情况。

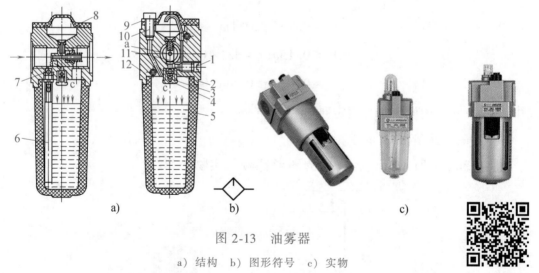

图 2-13　油雾器

a）结构　b）图形符号　c）实物

1—节流阀　2、7—钢球　3—弹簧　4—阀座　5—存油杯　6—吸油管　　动画：油雾器
8—视油器　9、12—密封垫　10—油塞　11—喷嘴

油雾器的供油量应根据气动设备的情况确定。一般情况下，以 $10m^3$ 自由空气供给 $1cm^3$ 润滑油为宜。

油雾器的安装应尽量靠近换向阀，与换向阀的距离一般不应超过 5m，但必须注意管径的大小和管道的弯曲程度。应尽量避免将油雾器安装在换向阀与气缸之间，以免造成润滑油的浪费。

二、消声器

气压传动系统一般不设排气管道，用后的压缩空气直接排入大气。这样因气体的体积急剧膨胀，会产生刺耳的噪声。排气的速度和功率越大，噪声也越大，一般可达 100~120dB。这种噪声使工作环境恶化，危害人体健康。一般说来，噪声高于 85dB 都要设法降低，为此可在换向阀的排气口安装消声器。

常用的消声器有以下几种。

（1）吸收型消声器　这种消声器主要依靠吸声材料消声，其结构如图 2-14a 所示。消声罩 2 为多孔的吸声材料，一般用聚苯乙烯颗粒或铜珠烧结而成。当消声器的通径小于 20mm 时，多用聚苯乙烯作消声材料制成消声罩；当消声器的通径大于 20mm 时，消声罩多采用钢珠烧结而成，以增高强度。其消声原理：当有压气体通过消声罩时，气流受到阻力，声能量被部分吸收而转化为热能，从而降低了噪声强度。吸收型消声器结构简单，具有良好的消除中、高频噪声的性能，消声效果大于

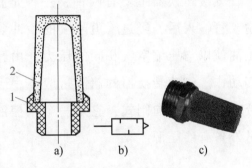

图 2-14　吸收型消声器
a）结构　b）图形符号　c）实物
1—连接件　2—消声罩

20dB。在气压传动系统中，排气噪声主要是中、高频噪声，尤其是高频噪声较多，所以采用这种消声器是合适的。图 2-14b、c 所示分别为其图形符号与实物。

（2）膨胀干涉型消声器　这种消声器呈管状，其直径比排气孔大得多，气流在里面扩散反射，互相干涉，减弱了噪声强度，最后经过非吸声材料制成的开孔较大的多孔外壳排入大气。它的特点是排气阻力小，可消除中、低频噪声；缺点是结构较大，不够紧凑。

（3）膨胀干涉吸收型消声器　它是前两种消声器的综合应用，其结构如图 2-15a 所示。气流由斜孔引入，在 A 室扩散、减速、碰壁撞击后反射到 B 室，气流束相互撞击、干涉，进一步减

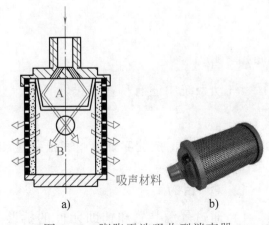

吸声材料

图 2-15　膨胀干涉吸收型消声器
a）结构　b）实物

速，从而使噪声减弱。然后气流经过吸声材料的多孔侧壁排入大气，噪声被再次削弱。所以这种消声器的消声效果更好，低频可消声 20dB，高频可消声约 45dB。图 2-15b 所示为其实物。

选择消声器的主要依据是排气口直径及噪声的频率范围。

三、气液转换器

在气动系统中，为了获得较平稳的速度，常用气液阻尼缸或液压缸作为执行元件，这就需要用气液转换器把气压传动转换成液压传动。

气液转换器主要有两种，一种是直接作用式（图 2-16），当压缩空气由上部输入管输入后，经过管道末端的缓冲装置使压缩空气作用在液压油面上，因此液压油就以与压缩空气相同的压力，由转换器主体下部的排油孔输出到液压缸，使其动作。气液转换器的储油量应不小于液压缸最大有效容积的 1.5 倍。另一种气液转换器是换向阀式，它是一个气控液压换向阀。采用气控液压换向阀时，需要另外备有液压源。

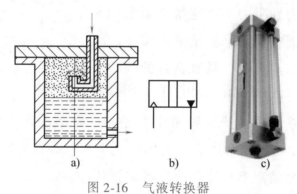

图 2-16 气液转换器

a）结构 b）图形符号 c）实物

想一想

气动系统中还有哪些辅助元件？

技能实训 1 气源装置和辅助元件的认识及拆装

1. 实训目的

1）通过气源装置和辅助元件的拆装，使学生熟悉气源装置和辅助元件的结构，加深对气源装置和辅助元件工作原理的理解。

2）提高学生的动手实践能力。

2. 实训要求和方法

1）本实训采用教师重点讲解，学生自己动手拆装为主的方法。学生以小组为单位边拆装，边讨论、分析结构原理及特点。

2）实训前要认真复习有关元件的结构原理及工作特性。

3）参照所选的气源装置元件、辅助元件的结构原理图进行拆装。

4）拆装时将元件零部件拆下依次放好，注意不要散失小的零件，观察所拆卸的气源装置元件及辅助元件各组成部分的结构。

5）实训完要清洗各组成部分的元件，并把每个元件装好。

6）实训完成后，由指导教师指定思考题作为本次实训报告内容。

3. 实训内容

1）气源装置（冷却器、油水分离器、干燥器）。

2）气动辅助元件（过滤器、油雾器、消声器）。

4. 实训思考题

1）对照实物分析说明油水分离器的结构原理。

2）对照实物分析说明排水过滤器的结构、工作原理。

3）观察排水过滤器中旋风叶子上缺口的方向，并说明其作用。

4）排水过滤器的进、出口反接会出现什么问题？为什么？

5）对照实物分析油雾器的结构原理及特殊单向阀的结构。

6）油雾器在工作时是否可以不拧紧油塞？

单元小结

1）气源装置是为气动系统提供一定压力、流量，清洁、干燥的压缩空气的装置。

2）气源装置通常由空气压缩机，储存、净化压缩空气的装置和设备及输送压缩空气的管路系统组成。

3）空气压缩机是气动系统的动力源，它将机械能转换为气体的压力能。

4）气源净化装置中的后冷却器、油水分离器、干燥器、过滤器、气罐的工作原理及在系统中所起的作用。

5）其他辅助元件包括油雾器、消声器、气液转换器等，它们是保证系统正常工作必不可少的重要元件。

思考与练习

1. 填空题

1) 空气压缩机按原理可分为_____与_____两种，在气压传动系统中都采用_____。

2) 冷却器安装在空气压缩机输出管路上，用于降低_____的湿度，并使压缩空气中的大部分水汽、油气冷凝成为_____、_____，以便经油水分离器析出。

3) 目前使用的干燥方法是_____和_____。

4) 过滤器是用以除去压缩空气中的_____、_____和_____等杂质。

5) 干燥器是为了进一步_____和_____空气中的水分、油分，使之变为干燥空气，以便为要求高的气动仪表、流元件组成的系统使用。

6) 吸附法是利用_____、_____、_____、_____等吸附剂吸收压缩空气中的水分，使压缩空气得到干燥的方法。

7) 油水分离器主要是用_____、_____、_____等方法使压缩空气中凝结的水分、油分等杂质从压缩空气中分离出来，让压缩空气得到初步净化。

2. 选择题

1) 空气压缩机按输出压力可分为（   ）。

A. 鼓风机、低压空压机、中压空压机、高压空压机、超高压空压机

B. 鼓风机、低压空压机、中压空压机、高压空压机、微型空压机

C. 低压空压机、中压空压机、高压空压机、超高压空压机、微型空压机

D. 小型空压机、鼓风机、低压空压机、中压空压机、高压空压机

2) 过滤器可分为（   ）三种。

A. 一次性过滤器、排水过滤器、高效过滤器

B. 排水过滤器、二次性过滤器、高效过滤器

C. 一次性过滤器、二次性过滤器、高效过滤器

D. 一次性过滤器、二次性过滤器、排水过滤器

3. 在图 2-17 所示的图形符号下面写上相应的元件名称。

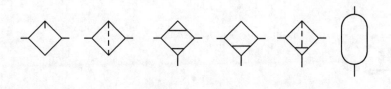

图 2-17　题 3 图

4. 若把气液转换器的出入口颠倒一下，将会出现什么样的情况？

5. 试分析在工厂现场拍摄的图片中（图 2-18）三联件的安装是否合适，能否给工厂带来经济损失？思考自己如果走入社会还需要加强哪些专业素养？

图 2-18　题 5 图

单元3

气动执行元件

气缸和气马达是气压传动系统的执行元件，它们将压缩空气的压力能转换为机械能。气缸用于实现直线往复运动或摆动，气马达则用于实现连续回转运动。

【学习目标】

➡ 了解气缸的结构、工作原理及特点。

➡ 了解气马达的结构、工作原理及特点。

➡ 会根据生产实际需要选择合适的气缸。

➡ 会根据生产实际需要选择合适的气马达。

学习任务 1　气缸

一、气缸的分类

气缸是气压传动中使用的执行元件。其结构、形状有多种形式，分类方法也很多，常用的有以下几种。

1）按压缩空气作用在活塞端面上的方向，可分为单作用气缸和双作用气缸。单作用气缸只有一个方向的运动是靠气压传动，活塞的复位靠弹簧力或重力；双作用气缸活塞的往返全都靠压缩空气来完成。

2）按结构特点可分为活塞式气缸、叶片式气缸、薄膜式气缸和气液阻尼缸等。

3）按安装方式可分为耳座式、法兰式、轴销式和凸缘式。

4）按气缸的功能可分以下两种。

① 普通气缸。主要指活塞式单作用气缸和双作用气缸。

② 特殊气缸。包括气液阻尼缸、薄膜式气缸、冲击式气缸、增压气缸、步进气缸、回转气缸等。

二、几种常见气缸的工作原理和用途

1. 单作用气缸

如图 3-1 所示，单作用气缸是指压缩空气仅在气缸的一端进气，并推动活塞运动，而活塞的返回则是借助于其他外力，如重力、弹簧力等。

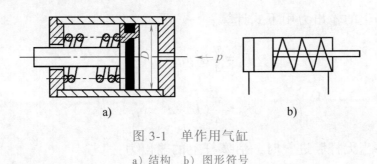

图 3-1　单作用气缸

a) 结 构　b) 图形符号

这种气缸的特点：

1) 由于单边进气，所以结构简单，耗气量小。

2) 由于用弹簧复位，使压缩空气的能量有一部分用来克服弹簧的反力，因而减小了活塞杆的输出推力。

3) 缸体内因安装弹簧而减小了空间，缩短了活塞的有效行程。

4) 气缸复位弹簧的弹力是随其变形大小而变化的，因此活塞杆的推力和运动速度在行程中是变化的。

因此，单作用气缸多用于短行程及对活塞杆推力、运动速度要求不高的场合，如用于定位和夹紧等。

气缸工作时，活塞杆上输出的推力必须克服弹簧的弹力及各种阻力，可用下式计算：

$$F = \frac{\pi}{4}D^2 p \eta_{\mathrm{C}} - F_{\mathrm{S}} \qquad (3-1)$$

式中　F——活塞杆上的推力；

D——活塞直径；

p——气缸工作压力；

F_S——弹簧力；

η_C——气缸的效率，一般取 $0.7\sim0.8$，当活塞运动速度 $<0.2\mathrm{m/s}$ 时取大值，当活塞运动速度 $\geqslant0.2\mathrm{m/s}$ 时取小值。

气缸工作时的总阻力包括运动部件的惯性力和各密封处的摩擦阻力等，它与多种因素有关。综合考虑以后，以效率 η_C 的形式计入式（3-1）。

2. 双作用气缸

双作用气缸活塞的往返运动是靠气缸两腔交替进气和排气来实现的。

图 3-2 所示为单杆双作用气缸，是使用十分广泛的一种普通气缸，这种气缸工作时活塞杆上的输出力用下式计算：

$$F_1 = \frac{\pi}{4}D^2 p\eta_C \tag{3-2}$$

$$F_2 = \frac{\pi}{4}(D^2 - d^2)p\eta_C \tag{3-3}$$

式中　F_1——当无杆腔进气时，活塞杆上的输出力；

　　　F_2——当有杆腔进气时，活塞杆上的输出力；

　　　D——活塞直径；

　　　d——活塞杆直径；

　　　p——气缸工作压力；

　　　η_C——气缸的效率，一般取 $0.7\sim0.8$，活塞运动速度 $<0.2\mathrm{m/s}$ 时取大值，活塞运动速度 $\geqslant0.2\mathrm{m/s}$ 时取小值。

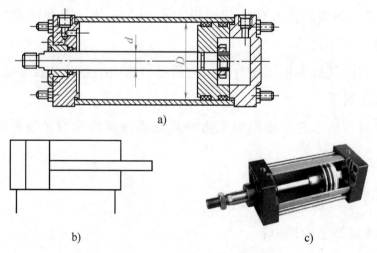

a)

b)　　　　　　　　　　　　　　c)

图 3-2　单杆双作用气缸

a）结构　b）图形符号　c）实物

双杆双作用气缸使用得较少,其结构与单杆双作用气缸基本相同,只是活塞两侧都装有活塞杆。因两端活塞杆直径相同,所以活塞往复运动的速度和输出力均相等,其输出力用式(3-3)计算。这种气缸常用于气动加工机械及包装机械设备上。

3. 薄膜式气缸

图3-3所示为薄膜式气缸,它利用压缩空气通过膜片推动活塞杆做往复运动。它具有结构紧凑、简单,制造容易,成本低,维修方便,寿命长,泄漏少,效率高等优点,适用于气动夹具、自动调节阀及短行程场合。薄膜式气缸主要由缸体、膜片和活塞杆等组成。它可以是单作用式的,也可以是双作用式的。其膜片有盘形膜片和平膜片两种,膜片材料为夹织物橡胶、钢片或磷青铜片。薄膜式气缸与活塞式气缸相比,因膜片的变形量有限,故其行程较短,一般不超过50mm。其最大行程 L_{max} 与缸径 D 的关系为

$$L_{max} = (0.12 \sim 0.25)D$$

因膜片变形要吸收能量,所以活塞杆上的输出力随着行程的增大而减小。

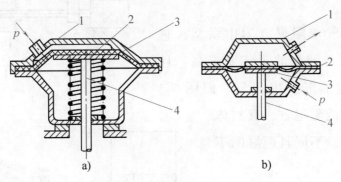

图3-3 薄膜式气缸

a)单作用式 b)双作用式

1—缸体 2—膜片 3—膜盘 4—活塞杆

动画:单作用薄膜式气缸

4. 气液阻尼缸

普通气缸工作时,由于气体可压缩性大,当负载变化较大时会产生"爬行"或"自走"现象,使气缸的工作不平稳。气液阻尼缸是由气缸和液压缸组合而成的,它以压缩空气为动力,并利用油液的不可压缩性来获得活塞的平稳运动。

图3-4所示为气液阻尼缸,它将液压缸和气缸串联成一个整体,两个活塞固定在一根活塞杆上。当气缸5右腔供气时,活塞克服外负载并带动液压缸4活塞向左运动。此时液压缸4左腔排油,油液只能经节流阀1缓慢流回右腔,对整个

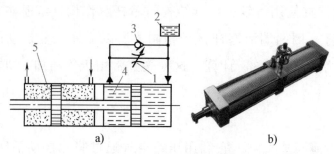

图 3-4　气液阻尼缸

a）结构　b）实物

1—节流阀　2—油箱　3—单向阀　4—液压缸　5—气缸

活塞的运动起到阻尼作用。因此，调节节流阀 1，就能达到调节活塞运动速度的目的。当压缩空气进入气缸 5 左腔时，液压缸 4 右腔排油，此时单向阀 3 开启，活塞能快速返回。油箱 2 的作用只是用来补充液压缸 4 因泄漏而减少的油量，因此改用油杯就可以了。

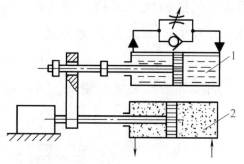

图 3-5　并联型气液阻尼缸

1—液压缸　2—气缸

　　图 3-4 所示气液阻尼缸为串联型，它的缸体长，加工与装配的工艺要求高，且两缸间可能产生油气互串现象。而图 3-5 所示的并联型气液阻尼缸，其缸体短，两缸直径可以不同且两缸间不会产生油气互串现象。

　　5. 冲击气缸

　　冲击气缸（图 3-6）是一种较新型的气动执行元件，主要由缸体 8、中盖 5、活塞 7 和活塞杆 9 等零件组成。冲击气缸在结构上比普通气缸增加了一个具有一定容积的蓄能腔 3 和喷嘴口 4，中盖 5 与缸体 8 固定，中盖 5 和活塞 7 把气缸分隔成三个部分，即活塞杆腔 1、活塞腔 2 和蓄能腔 3。中盖 5 的中心

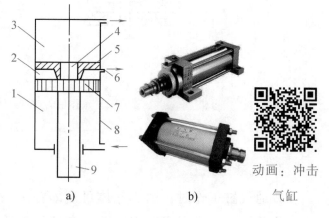

a）　　　　b）

动画：冲击气缸

图 3-6　冲击气缸

a）结构　b）实物

1—活塞杆腔　2—活塞腔　3—蓄能腔

4—喷嘴口　5—中盖　6—泄气口

7—活塞　8—缸体　9—活塞杆

开有喷嘴口 4。

当压缩空气刚进入蓄能腔时，其压力只能通过喷嘴口小面积地作用在活塞上，还不能克服活塞杆腔的排气压力所产生的向上的推力以及活塞与缸体间的摩擦力，喷嘴口处于关闭状态，从而使蓄能腔的充气压力逐渐升高。当充气压力升高到能使活塞向下移动时，活塞的下移使喷嘴口开启，聚集在蓄能腔中的压缩空气通过喷嘴口突然作用于活塞的全面积上。高速气流进入活塞腔进一步膨胀并产生冲击波，波的阵面压力可高达气源压力的几倍到几十倍，给予活塞很大的向下的推力。此时活塞杆腔内的压力很低，活塞在很大的压差作用下迅速加速，在很短的时间内以极高的速度向下冲击，从而获得很大的动能。利用这个能量实现冲击做功，可产生很大的冲击力。如内径为 230mm，行程为 403mm 的冲击气缸，可产生 400~500kN 的冲击力。

冲击气缸广泛用于锻造、冲压、下料、压坯等各方面。

三、标准化气缸简介

1. 标准化气缸的标记和系列

符号"QG"表示气缸，符号"A、B、C、D、H"表示五种系列。具体的标记方法如下：

$$\boxed{QG}\ \boxed{A/B/C/D/H}\ \boxed{缸径} \times \boxed{行程}$$

五种标准化气缸系列分别如下：

QGA——无缓冲普通气缸　　　　　　QGB——细杆（标准杆）缓冲气缸

QGC——粗杆缓冲气缸　　　　　　　QGD——气液阻尼缸

QGH——回转气缸

例如，QGA100×125 表示直径为 100mm，行程为 125mm 的无缓冲普通气缸。

2. 标准化气缸的主要参数

标准化气缸的主要参数是缸筒内径 D 和行程 L。在一定的气源压力下，缸筒内径标志气缸活塞杆的理论输出力，行程标志气缸的作用范围。

标准化气缸系列有 11 种规格：

缸径 D（mm）：40、50、63、80、100、125、160、200、250、320、400。

行程 L（mm）：对无缓冲气缸，$L = (0.5 \sim 2)D$；对有缓冲气缸，$L = (1 \sim 10)D$。

学习任务 2   气马达

气马达属于气动执行元件，它是把压缩空气的压力能转换为机械能的转换装置。它的作用相当于电动机或液压马达，即输出力矩，驱动机构做旋转运动。

一、气马达的分类和工作原理

最常用的气马达有叶片式、活塞式和薄膜式三种。

图 3-7a 所示为叶片式气马达的工作原理。压缩空气由 A 孔输入后，分为两路：一路经定子两端密封盖的槽进入叶片底部（图中未示出）将叶片推出，叶片就是靠此气压推力和转子转动的离心力作用而紧密地贴紧在定子内壁上；另一路经 A 孔进入相应的密封工作空间，压缩空气作用在两个叶片上。由于两叶片伸出长度不等，就产生了转矩，因而叶片与转子沿逆时针方向旋转。做功后的气体由定子上的 C 孔排出，剩余气体经 B 孔排出。若改变压缩空气的输入方向，则可改变转子的转向。图 3-7b 所示为其实物。

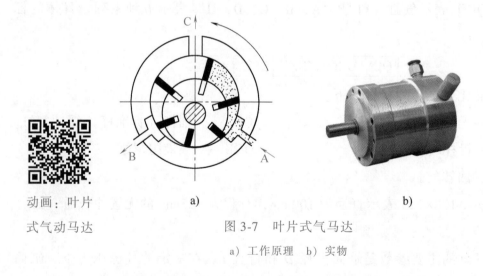

动画：叶片
式气动马达

a)   b)

图 3-7   叶片式气马达

a）工作原理   b）实物

图 3-8 所示为径向活塞式气马达。压缩空气经进气口进入配气阀后再进入气缸，推动活塞及连杆组件运动，迫使曲轴旋转，同时，带动固定在曲轴上的配气阀同步转动，使压缩空气随着配气阀角度位置的改变而进入不同的缸内，依次推动各个活塞运动，由各活塞及连杆带动曲轴连续运转。与此同时，与进气缸相对应的气缸则处于排气状态。

图 3-9 所示为薄膜式气马达。当它做往复运动时，通过推杆端部的棘爪使棘轮作间歇性转动。

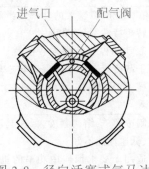

图 3-8 径向活塞式气马达

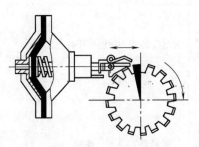

图 3-9 薄膜式气马达

二、气马达的优缺点

气马达的优点：

1）工作安全，可以在易燃、易爆、高温、振动、潮湿、灰尘等恶劣环境下工作，同时不受高温及振动的影响。

2）具有过载保护作用。可长时间满载工作，而温升较小，过载时，气马达只是降低转速或停车，当过载解除后，可立即重新正常运转。

3）可以实现无级调速。通过调节节流阀的开度来控制进入气马达的压缩空气的流量，就能调节气马达的转速。

4）具有较高的起动转矩，可以直接带负载起动，起动、停止迅速。

5）功率范围及转速范围均较宽。功率小至几百瓦，大至几万瓦；转速可从每分钟几转到上万转。

6）结构简单、操纵方便、可正反转、维修容易、成本低。

气马达的缺点：速度稳定性较差、输出功率小、耗气量大、效率低、噪声大。

三、气马达的选择及使用要求

（1）气马达的选择　不同类型的气马达具有不同的特点和适用范围（表3-1），主要从负载的状态要求来选择适当的气马达。

（2）气马达的使用要求　应特别注意的是，润滑是气马达正常工作不可缺少的一个环节。气马达在得到正确、良好润滑的情况下，可在两次检修之间至少运转 2500～3000h。一般应在气马达的换向阀前安装油雾器，以进行不间断的润滑。

表 3-1　各种气马达的特点及适用范围

类型	转矩	速度	功率	每千瓦耗气量 $Q/(m^3 \cdot min^{-1})$	特点及应用范围
活塞式	中、高转矩	低速和中速	由零点几瓦到17kW	小型:1.9~2.3 大型:1~1.4	在低速时有较大的功率输出和较好的转矩特性,起动准确 起动和停止特性均较叶片式好,适用于载荷较大和要求低速转矩较高的机械,如手提工具、起重机、绞车、绞盘等
叶片式	低转矩	高速	由零点几瓦到13kW	小型:1.8~2.3 大型:1~1.4	制造简单,结构紧凑,低速起动转矩小,低速性能不好 适用于要求低或中功率的机械,如手提工具、复合工具传送带、升降机、泵、拖拉机等
薄膜式	高转矩	低速	小于1kW	1.2~1.4	适用于控制要求很精确,起动转矩极高和速度低的机械

小知识: 高速气动主轴

随着高速精密加工技术的迅速普及与推广,气动主轴也得到了飞速发展。由于气动主轴采用空气作为动力来源,其清洁、安静、结构简单、成本低以及易维护的特点得到了人们广泛的认可,因此在高转速,扭矩要求不高的应用场合具有较为明显的优势。

想一想

如何根据气马达的使用要求选用气马达?

技能实训2　气缸和气马达的拆装

1. 实训目的

1) 通过对液压泵的拆装、分析,了解其结构组成和特点,以培养学生分析问题和解决问题的能力。

2) 加深对气缸和气马达的结构、工作原理和特性的理解。

2. 实训要求和方法

1) 本实训采用教师重点讲解,学生自己动手拆装为主的方法。学生以小组为单位,边拆装边讨论分析结构原理及特点。

2) 拆卸时将元件零部件拆下并依次放好,注意不要散失小的零件,最后要把每个元件组装好。

3）实训后，由教师指定思考题作为本次实训报告内容。

3. 实训内容

1）拆装各种气缸。

2）拆装叶片式和径向活塞式气马达。

4. 实训思考题

1）气缸主要由哪些部分组成？

2）活塞与缸体、端盖与缸体、活塞杆与端盖间的密封形式有哪些？

3）气缸与液压缸相比，在工作性能上有哪些优缺点？

4）叶片式气马达是如何使叶片紧密地压在定子的内壁上以保证密封的？

5）通过拆装体验，叙述径向活塞式气马达的工作原理。

单 元 小 结

1）气缸和气马达是气动系统的执行元件，它们将压缩空气的压力能转换为机械能。气缸驱动工作部件做直线往复运动，输出力和速度；气马达驱动工作部件做回转运动，输出转矩和转速。

2）了解气缸的类型、结构、工作原理及用途。

3）常用的气马达有叶片式、活塞式、薄膜式等类型。

思 考 与 练 习

1. 已知单杆双作用气缸的内径 $D=100\mathrm{mm}$，活塞杆直径 $d=30\mathrm{mm}$，工作压力 $p=0.5\mathrm{MPa}$，气缸效率为 0.5，求气缸往复运动时的输出力各为多少。

2. 气缸有哪些种类？各有哪些特点？

3. 简述气马达的特点及应用。

4. 根据下面的项目要求设计气动系统回路。

通过手动按钮来控制阀体，工件被顺序放在料槽里，如图 3-10 所示，按下手动按钮后将传输系统传送过来的工件推向下一个工位，当松开按钮时，活塞杆缩回到初始位置，气缸活塞杆的伸出速度可以无级调节。

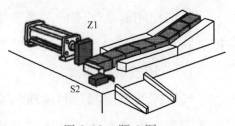

图 3-10　题 4 图

单元4

气动控制元件及基本回路

气动控制元件是在气压传动系统中用来控制和调节压缩空气的压力、流量、流动方向、发送信号的元件，它分为压力控制阀、流量控制阀和方向控制阀三大类。利用这些元件可以组成具有特定功能的换向回路、压力控制回路和速度控制回路等基本回路。

【学习目标】

➡️了解气动控制阀的工作原理，能根据生产需要选择合适的气动控制阀。

➡️理解方向、速度、压力控制基本回路的工作原理，能够独立完成基本回路的安装调试。

➡️理解增压回路、延时控制回路、安全保护回路、顺序控制回路的组成和工作原理，能独立完成回路的安装调试。

学习任务 1　气动控制阀

一、方向控制阀

方向控制阀是气压传动系统中通过改变压缩空气的流动方向和气流的通断来控制执行元件起动、停止及运动方向的气动元件。

1. 气压控制换向阀

气压控制换向阀是利用压缩空气的压力推动阀芯移动，使换向阀换向，从而实现气路换向或通断。气压控制换向阀适用于易燃、易爆、潮湿、灰尘多等场合，操作安全可靠。

（1）单气控换向阀　图4-1所示为单气控截止式换向阀。图4-1a所示为无气控信号K时阀的状态，即常态。此时阀芯1在弹簧2的作用下处于上端位置，阀口A与T接通。图4-1b所示为有气控信号K而动作时的状态，由于大气压力的作用，阀芯1压缩弹簧2下移，使阀口A与T断开，P与A接通。

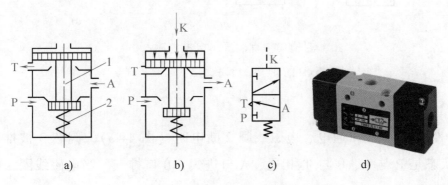

图4-1　单气控截止式换向阀

a）无气控信号　b）有气控信号　c）图形符号　d）实物

1—阀芯　2—弹簧

（2）双气控换向阀　图4-2所示为双气控滑阀式换向阀。图4-2a所示为有气控信号 K_1 时阀的状态，此时阀芯停在左边，其通路状态是P与A、B与 T_2 相通。图4-2b所示为有气控信号 K_2 时阀的状态（信号 K_1 已不存在），阀芯换位，其通路状态变为P与B、A与 T_1 相通。双气控滑阀式换向阀具有记忆功能，即气控信号消失后，阀仍能保持在有信号时的工作状态。

2. 电磁控制换向阀

图4-3所示为直动式单电控电磁阀。电磁控制换向阀是利用电磁力的作用来实现阀的切换以控制气流的流动方向，它只有一个电磁铁。图4-3a所示为电磁线圈不通电时的状态，此时阀在复位弹簧的作用下处于上端位置，其通路状态为A与T相通，阀处于排气状态。当线圈通电时，电磁铁1推动阀芯2向下移动，气路换向，其通路状态为P与A相通，阀处于进气状态，如图4-3b所示。

图4-4所示为直动式双电控电磁阀。它有两个

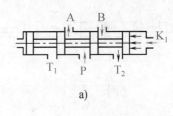

a）

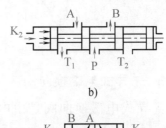

b）

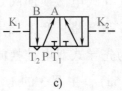

c）

图4-2　双气控滑阀式换向阀

a）有气控信号 K_1

b）有气控信号 K_2

c）图形符号

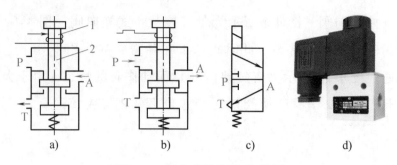

图 4-3　直动式单电控电磁阀

a) 电磁线圈不通电　b) 电磁线圈通电　c) 图形符号　d) 实物

1—电磁铁　2—阀芯

电磁铁。当电磁线圈 1 通电、电磁线圈 2 断电时（图 4-4a），阀芯 3 被推向右端，其通路状态是 P 与 A、B 与 T_2 相通，A 口进气，B 口排气。当电磁线圈 1 断电时，阀芯仍处于电磁线圈 1 断电前的工作状态，即具有记忆功能。当电磁线圈 2 通电、电磁线圈 1 断电时（图 4-4b），阀芯被推向左端，其通路状态为 P 与 B、A 与 T_1 相通，B 口进气、A 口排气。若电磁线圈 2 断电，则气流通路仍保持电磁线圈 2 断电前的工作状态。

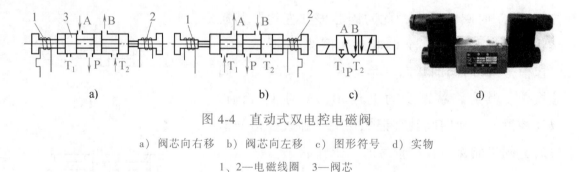

图 4-4　直动式双电控电磁阀

a) 阀芯向右移　b) 阀芯向左移　c) 图形符号　d) 实物

1、2—电磁线圈　3—阀芯

3. 先导式电磁换向阀

先导式电磁换向阀是由电磁先导阀和主阀两部分组成的。由先导阀的电磁铁首先控制气路，产生先导压力，再由先导压力去推动主阀阀芯，使其换向。图 4-5 所示为先导式双电控换向阀。当电磁先导阀 1 的线圈通电、电磁先导阀 2 断电时（图 4-5a），主阀 3 的 K_1 腔进气，K_2 腔排气，使主阀阀芯向右移动。此时，P 与 A、B 与 T_2 相通，A 口进气，B 口排气；当电磁先导阀 2 通电，而电磁先导阀 1 断电时（图 4-5b），主阀 3 的 K_2 腔进气，K_1 腔排气，主阀阀芯向左移动。此时，P 与 B、A 与 T_1 相通，B 口进气，A 口排气。先导式双电控换向阀具有记忆功能，即通电时换向，断电时并不返回原位。为了保证主阀正常工作，两个电磁阀不能同时通电，电路中要考虑互锁。先导式电磁换向阀便于实现电、气联合控制，所以应用广泛。

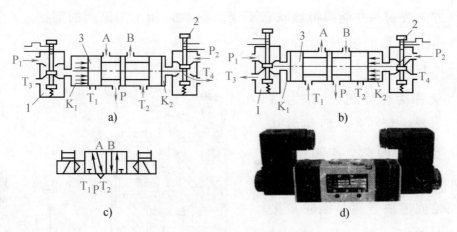

图 4-5　先导式双电控换向阀

a）主阀向右移　b）主阀向左移　c）图形符号　d）实物

1、2—电磁先导阀　3—主阀

4. 人力控制换向阀

人力控制换向阀按操作方式分为手动阀与脚踏阀两种。手动阀的操作方式又有按钮式、旋钮式、锁式及推拉式等多种形式。

图 4-6a 所示为推拉式手动阀的结构。如图 4-6b 上部的图形符号所示，当用手

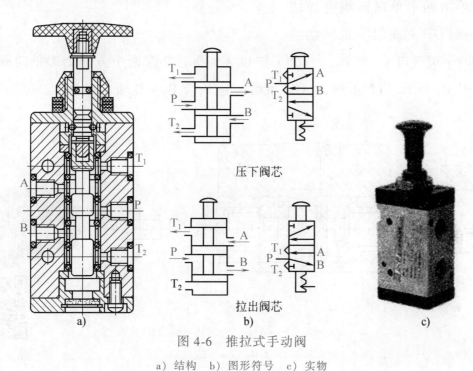

图 4-6　推拉式手动阀

a）结构　b）图形符号　c）实物

压下阀芯时，则 P 与 A、B 与 T_2 相通。手松开，阀芯依靠定位装置保持状态不变。如图 4-6b 下部的图形符号所示，当用手将阀芯拉出时，则 P 与 B、A 与 T_1 相通，气路方向改变，并能维持该状态不变。图 4-6c 所示为该阀的实物。

5. 机械控制换向阀

机械控制换向阀多用于行程控制系统（又称为行程阀），作为信号阀使用。常依靠凸轮、撞块或其他机械外力推动阀芯，使阀换向。图 4-7 所示为杠杆滚轮式机控换向阀。当凸轮或撞块直接与滚轮 1 接触后，通过杠杆 2 使阀芯 5 换向。其优点是减小了顶杆 3 所受的侧向力；同时，通过杠杆传力也减小了外部的机械压力。

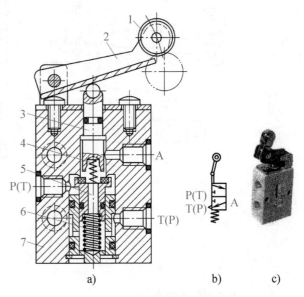

图 4-7 杠杆滚轮式机控换向阀
a）结构 b）图形符号 c）实物
1—滚轮 2—杠杆 3—顶杆 4—缓冲弹簧
5—阀芯 6—密封弹簧 7—阀体

6. 梭阀

图 4-8 所示为梭阀。梭阀多用于手动与自动控制的并联回路中，它相当于由两个单向阀组合而成，其作用相当于"或门"逻辑功能。

梭阀有两个进气口 P_1 和 P_2，一个工作口 A，阀芯 2 在两个方向上起单向阀的作用。其中 P_1 和 P_2 口都可以与 A 口相通，但 P_1 与 P_2 不相通，当 P_1 进气时，阀芯

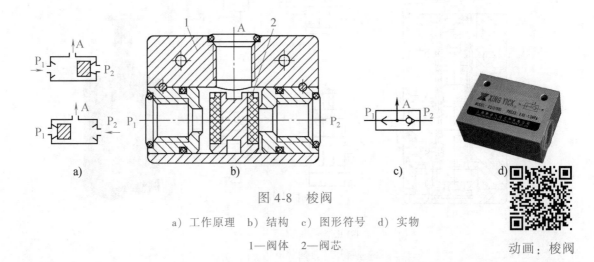

图 4-8 梭阀
a）工作原理 b）结构 c）图形符号 d）实物
1—阀体 2—阀芯

动画：梭阀

2右移，封住P_2口，使P_1与A相通，A口出气。当P_2进气时，阀芯2左移，封住P_1口，使P_2与A相通，A口出气。当P_1与P_2都进气时，阀芯就可能停在任意一边。若P_1与P_2进气压力不等，则高压口的通道打开，低压口则被封闭，高压气流从A口输出。

7. 双压阀

图4-9所示为双压阀。双压阀有两个输入口，一个输出口。当P_1口有输入时，A口无输出；当P_2口有输入时，A口无输出；当两输入口P_1和P_2同时有输入时，A口有输出。因此该阀具有逻辑"与"的功能。当P_1口和P_2口压力不等时，则关闭高压侧，低压侧与A口相通。

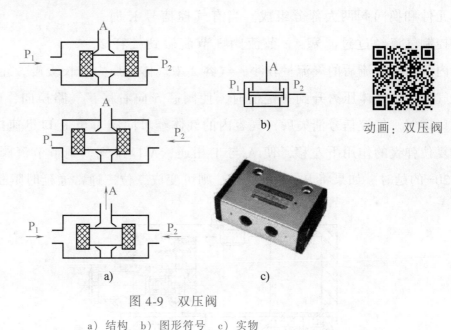

动画：双压阀

图4-9　双压阀

a）结构　b）图形符号　c）实物

8. 快速排气阀

图4-10所示为快速排气阀。进气口P进入压缩空气，并将密封活塞迅速上

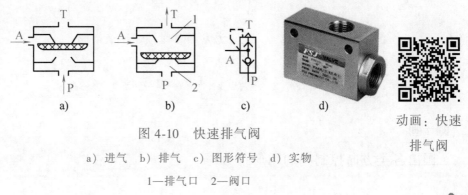

动画：快速

排气阀

图4-10　快速排气阀

a）进气　b）排气　c）图形符号　d）实物

1—排气口　2—阀口

推，开启阀口 2，同时关闭排气口 T，使进气口 P 和工作口 A 相通，如图 4-10a 所示。如图 4-10b 所示，P 口没有压缩空气进入时，在 A 口和 P 口压差作用下，密封活塞迅速下降，关闭 P 口，使从 A 口进入的压缩空气通过 T 口快速排出。

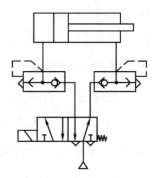

如图 4-11 所示，快速排气阀常安装在换向阀和气缸之间，它使气缸的排气不用通过换向阀而快速排出，加快气缸往复的运动速度，缩短了工作周期。

9. 延时换向阀

延时换向阀的作用相当于时间继电器。图 4-12 所示为二位三通常断延时接通型换向阀，它由延时元件和换向阀两大部分组成。当有气控信号 K 时，控制气流经过过滤塞 4、节流阀 3 节流后到气容 2

图 4-11　快速排气阀的使用

内。由于节流后的气流量较小，气容 2 中气体的压力增长缓慢。经过一定时间后，气容 2 中气体压力升到一定值时，使阀芯 5 向右移，气路换向，P 与 A 相通，A 口进气。气控信号消失后，气容内的气体经单向阀 1 至 K 口迅速排空，阀芯 5 在复位弹簧的作用下左移，使 A 与 T 相通，A 口排气。调节节流阀 3，可获得 0～20s 的延时。如果将 P、T 口换接，则可变成二位三通常通延时阻断型换向阀。

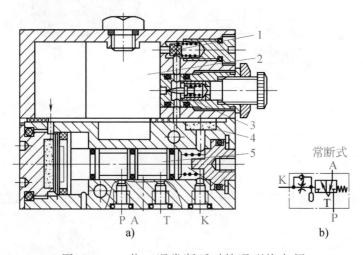

图 4-12　二位三通常断延时接通型换向阀

a）结构　b）图形符号

1—单向阀　2—气容　3—节流阀　4—过滤塞　5—阀芯

画一画

画出各类方向控制阀的图形符号。

二、压力控制阀

在气压传动系统中，用于控制压缩空气压力的元件，称为压力控制阀。这类阀的共同特点是，都是利用作用于阀芯上的压缩空气的压力和弹簧力相平衡的原理来进行工作。压力控制阀按其控制功能可分为减压阀、溢流阀、顺序阀等。

1. 减压阀

气动设备或装置的气源一般都来自压缩空气站，它所提供的压缩空气的压力通常都高于每台设备和装置所需的工作压力，且压力波动较大，因此需要用调节压力的减压阀来降低空气站输出的空气压力，使其适合每台气动设备或装置实际需要的压力，并保持该压力值的稳定。故减压阀又称为调压阀，按压力调节方式可分为直动式和先导式。

图 4-13 所示为 QTY 型直动式减压阀。当阀处于工作状态时，调节旋钮 1，压缩弹簧 2、3 及膜片 5 使阀芯 8 下移，进气阀口 10 被打开，气流从左端输入，经进气阀口 10 节流减压后从右端输出。输出气流的一部分由阻尼管 7 进入膜片气室 6，在膜片 5 的下面产生一个向上的推力，这个推力总是企图把阀口开度关小，使

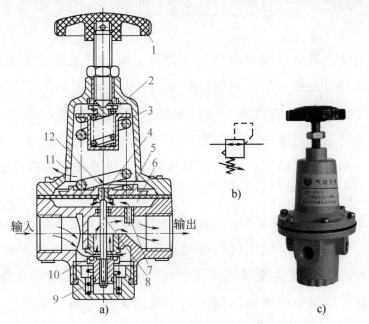

图 4-13 QTY 型直动式减压阀

a）结构 b）图形符号 c）实物

1—旋钮 2、3—弹簧 4—溢流阀座 5—膜片 6—膜片气室 7—阻尼管

8—阀芯 9—复位弹簧 10—进气阀口 11—排气孔 12—溢流孔

其输出压力下降。当作用在膜片上的推力与弹簧力互相平衡后，减压阀的输出压力便保持一定值。

当输入压力发生波动时，如输入压力瞬时升高，输出压力也随之升高，作用在膜片 5 上的气体推力也相应增大，破坏了原来的力平衡，使膜片 5 向上移动。有少量气体经溢流孔 12、排气孔 11 排出。在膜片上移的同时，因复位弹簧 9 的作用使阀芯 8 也向上移动，进气阀口开度减小，节流作用增大，使输出压力下降，直至达到新的平衡为止。重新平衡后的输出压力又基本上恢复至原值。反之，输入压力瞬时下降，输出压力相应下降，膜片下移，进气阀口开度增大，节流作用减小，输出压力又基本上回升至原值。调节旋钮 1，使弹簧 2、3 恢复自由状态，输出压力降至零，阀芯 8 在复位弹簧 9 的作用下关闭进气阀口 10 。这样，减压阀便处于截止状态，无气流输出。

QTY 型直动式减压阀的调压范围为 0.05 ~ 0.63MPa。为限制气体流过减压阀所造成的压力损失，规定气体通过阀内通道的流速在 15 ~ 25m/s 范围内。

安装减压阀时，要按气流的方向和减压阀上所示的箭头方向，依照排水过滤器→减压阀→油雾器的安装次序进行安装。调压时应由低向高调，直至规定的调压值为止。阀不用时应把旋钮放松，以免膜片变形。

2. 溢流阀

当回路中气压上升到所规定的调定压力以上时，气流需经溢流阀排出，以保证输入压力不超过设定值。溢流阀按控制形式分为直动式和先导式两种。

图 4-14 所示为直动式溢流阀，当气体作用在阀芯 3 上的力小于弹簧 2 的力时，阀处于关闭状态。当系统压力升高，作用在阀芯 3 上的作用力大于弹簧力时，阀芯向上移动，阀开启并溢流，使气压不再升高。当系统压力降至低于调定值时，阀又重新关闭。

图 4-15 所示为先导式溢流阀，其用一个小型直动式减压阀或气动定值器作为先导阀。工作时，由减压阀减压后的空气从上部 C 口进入阀内，从而代替了弹簧控制，故不会因调压弹簧在阀不同开度时的不同弹簧力而使调定压力产生变化，阀的流量特性好，但需要一个减压阀。先导式溢流阀适用于大流量和远距离控制的场合。

3. 顺序阀

图 4-16 所示为顺序阀。顺序阀是依靠气路中压力的变化来控制各执行元件按顺序动作的压力阀。它根据调节弹簧的压缩量来控制开启压力。当输入压力达到

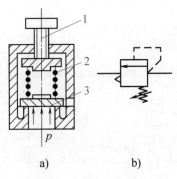

图 4-14　直动式溢流阀

a）结构　b）图形符号

1—调节杆　2—弹簧　3—阀芯

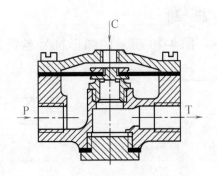

图 4-15　先导式溢流阀

顺序阀的调整压力时，阀口打开，压缩空气从 P 口到 A 口才有输出，反之，A 口无输出。

顺序阀一般很少单独使用，往往与单向阀组合在一起构成单向顺序阀。如图 4-17 所示。当压缩空气进入气腔 4 后，作用在活塞 3 上的气压超过压缩弹簧 2 上的力时，将活塞顶起。压缩空气从 P 口经气腔 4、5 到 A 口输出，如图 4-17a 所示。此时单向阀 6 在压差及弹簧力的作用下处于关闭状态。反向流动时，输入侧 P 口变成排气口，输出侧压力将顶开单向阀 6 由 T 口排气，如图 4-17b 所示。调节旋钮 1 就可改变单向顺序阀的开启压力，以便在不同的开启压力下控制执行元件的顺序动作。

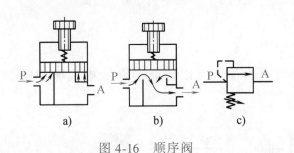

图 4-16　顺序阀

a）关闭状态　b）开启状态　c）图形符号

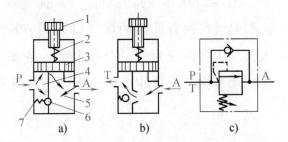

图 4-17　单向顺序阀

a）开启状态　b）关闭状态　c）图形符号

1—旋钮　2、7—弹簧　3—活塞

4、5—气腔　6—单向阀

想一想

图 4-18 所示的图形符号各代表什么阀？它们有何异同？

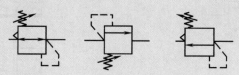

图 4-18 "想一想"图

三、流量控制阀

气压传动系统中的流量控制阀是通过改变阀的通流面积来实现流量控制的元件。流量控制阀包括节流阀、单向节流阀、排气节流阀等。

1. 节流阀

图 4-19 所示为圆柱斜切型节流阀。压缩空气由 P 口进入，经过节流后，由 A 口流出。旋转阀芯螺杆，就可改变节流口的开度，这样就调节了压缩空气的流量。由于这种节流阀的结构简单、体积小，故应用范围较广。

2. 排气节流阀

图 4-20 所示为排气节流阀。排气节流阀是装在执行元件的排气口处调节排入大气中气体流量的一种控制阀。它不

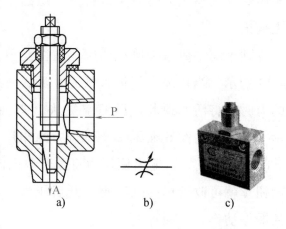

图 4-19 圆柱斜切型节流阀

a）结构 b）图形符号 c）实物

仅能调节执行元件的运动速度，还常带有消声器件，所以也能起降低排气噪声的

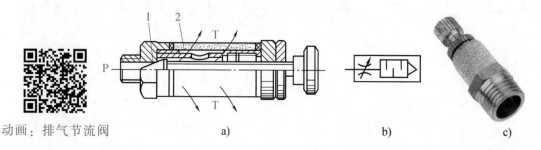

动画：排气节流阀

图 4-20 排气节流阀

a）结构 b）图形符号 c）实物

1—节流口 2—消声套

作用。其工作原理和节流阀相类似，靠调节节流口 1 处的通流面积来调节排气流量，由消声套 2 减小排气噪声。

想一想

1）单向节流阀进、出口对调使用能起到调速作用吗？

2）溢流阀和节流阀都能作背压阀使用，两者有何区别？

技能实训 3　气动控制阀的拆装

1. 实训目的

1）通过对气动控制阀的拆装，使学生加深对气动控制阀结构的认识。

2）通过拆装训练，使学生加强对气动控制阀工作原理和特性的理解。

2. 实训要求和方法

1）本实训采用教师重点讲解，学生自己动手拆装为主的方法。学生以小组为单位，边拆装边讨论分析结构原理及特点。

2）拆卸时将元件零部件拆下并依次放好，注意不要散失小的零件，识读完零部件后再将元件装好。

3）实训后，由教师指定思考题作为本次实训报告内容。

3. 实训内容

1）拆装方向控制阀（单向阀、各种换向阀、梭阀、双压阀）。

2）拆装压力控制阀（减压阀、顺序阀、安全阀）。

3）拆装流量控制阀（节流阀、单向节流阀、排气节流阀）。

4. 实训思考题

1）直动式减压阀与先导式减压阀在结构上有什么不同？在性能上有什么不同？

2）常用的节流阀阀芯节流部分的形状有哪些？

3）梭阀、双压阀结构上有什么不同？在气动系统中各起什么作用？

4）阀芯与阀体间采用什么密封？为什么？

5）先导式溢流阀控制膜片的作用是什么？

6）调压弹簧为什么采用双弹簧结构？在什么情况下两弹簧串联？在什么情况下两弹簧并联？两弹簧串联和并联有什么不同？

7）分析图 4-21 中换向阀的工作原理，并画出其图形符号。

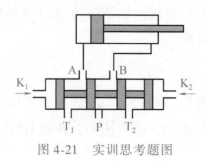

图 4-21　实训思考题图

学习任务 2　方向控制回路的组成原理及气路连接

方向控制回路是通过进入执行元件压缩空气的通、断或变向来实现气动系统执行元件的起动、停止和换向作用的回路，也称为换向回路。

一、单作用气缸换向回路

图 4-22 所示为单作用气缸换向回路。图 4-22a 所示为用二位三通电磁阀控制的单作用气缸换向回路，在该回路中，当电磁铁通电时，活塞杆向上伸出，电磁铁断电时，活塞杆在弹簧作用下返回。图 4-22b 所示为用三位四通电磁阀控制的单作用气缸换向和停止回路，该阀在两电磁铁均断电时，在弹簧的作用下换向阀处于中位，使气缸可以停在任意位置，但定位精度不高。

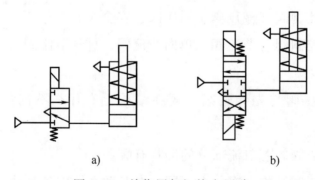

a)　　　　　　　　　　　　b)

图 4-22　单作用气缸换向回路

a）用二位三通电磁阀控制　b）用三位四通电磁阀控制

二、双作用气缸换向回路

图 4-23 所示为各种双作用气缸换向回路。图 4-23a 所示是比较简单的换向回

路；在图 4-23b 所示的回路中，当有气控信号 K 时，活塞杆推出，反之，活塞杆退回；图 4-23c 所示为二位五通气控阀和手动二位三通阀控制的换向回路，当手动阀换向时，由手动阀控制的压缩空气推动二位五通气控换向阀换向，气缸活塞杆伸出，松开手动阀，则活塞杆返回；在图 4-23d、e、f 所示回路中，两端控制电磁铁线圈或按钮不能同时操作，否则将出现误动作，其回路相当于双稳的逻辑功能，图 4-23f 所示回路还有中位停止功能，但中停定位精度不高。

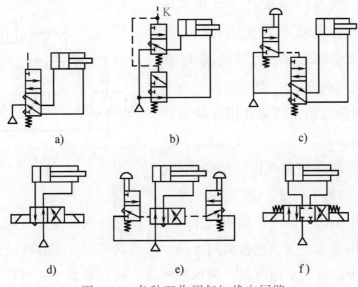

图 4-23 各种双作用气缸换向回路

技能实训 4 气动换向回路的连接与调试

1. 实训目的

1) 加深理解换向回路的组成原理及回路特性。

2) 能够完成单作用气缸换向回路和双作用气缸换向回路的连接与调试。

2. 实训内容及步骤

1) 图 4-24 所示为单作用气缸换向回路。压缩空气由气源经排水过滤器和调压阀、截止阀向系统供气，气压设定为 0.5MPa，利用一个手动二位三通换向阀控制一个单作用气缸活塞杆的伸出。

① 按照实训气动换向回路图的要求选取所需的气动元件和辅助元件。

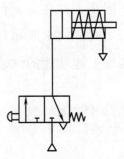

图 4-24 单作用气缸换向回路

② 将选好的气动元件安装在气动实训台的适当位置上，通过管接头和管路按回路要求进行连接，并检查气路连接是否正确可靠。

③ 气动回路连接完成并经检查无误后方可打开气源，调试气路时要关闭气源。

④ 操作手动二位三通换向阀使其换向，观察单作用气缸的运动情况。

⑤ 实训完成后应先关闭气源，再拆卸气路，拆卸后每个元件应放回原位。

2）图 4-25 所示为气压控制的换向回路。压缩空气由气源经排水过滤器和调压阀、截止阀向系统供气，气压设定为 0.5MPa，由两个手动二位三通换向阀 T_1 和 T_2、一个机动换向阀 S_1、一个双压阀、一个双气控二位四通换向阀完成双作用气缸的伸出与缩回的控制。

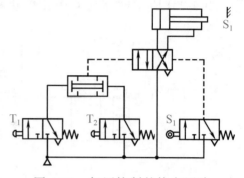

图 4-25　气压控制的换向回路

① 在气动实训台上完成该气路的连接，实训步骤同 1）中的①、②、③。

② 分别操作手动二位三通换向阀 T_1 和 T_2 使其换向，观察气缸的运动情况。

③ 同时操作手动二位三通换向阀 T_1 和 T_2 使其换向，观察气缸的运动情况。

④ 实训完成后应先关闭气源，再拆卸气路，拆卸后每个元件应放回原位。

3. 实训思考题

1）说明双压阀的作用。

2）若将图 4-24 中的手动二位三通换向阀换成电磁控制二位三通换向阀，应如何更改气路？设计实现上述功能的控制电路，并在实训台上完成连接与调试。

3）在图 4-25 所示回路中，若 T_1 和 T_2 其中之一起作用即可控制双作用气缸伸出，则应该更换哪一个控制阀？气动回路应如何更改？设计实现上述功能的气动控制回路，并在实训台上完成连接与调试。

4）在图 4-25 所示回路中，若要求气缸能快速返回，则应增加哪种控制阀？设计实现上述功能的气动控制回路，并在实训台上完成连接与调试。

学习任务 3　压力控制回路的组成原理及气路连接

压力控制回路是使回路中的压力保持在一定范围内，或使回路得到高、低不同压力的基本回路。

一、一次压力控制回路

一次压力控制回路主要用来控制气罐内的压力，使它不超过规定的压力。图 4-26 所示为一次压力控制回路，它可以采用外控溢流阀或电接点压力表来控制气罐内的压力。当采用溢流阀控制，气罐内压力超过规定压力值时，溢流阀接通，空气压缩机输出的压缩空气由外控溢流阀 1 排入大气，使气罐内压力保持在规定范围内。当采用电接点压力表 2 进行控制时，可用它直接控制空气压缩机的停止和起动，这样也可保证气罐内压力在规定的范围内。

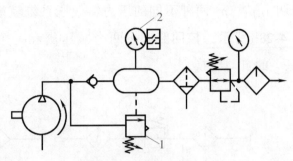

图 4-26 一次压力控制回路
1—外控溢流阀 2—电接点压力表

采用溢流阀控制时，回路结构简单、工作可靠，但气量浪费大；采用电接点压力表控制时，对电动机及控制要求较高，常用于小型空气压缩机。

二、二次压力控制回路

二次压力控制回路主要是对气动控制系统的气源压力进行控制。图 4-27 所示的二次压力控制回路是气缸、气马达系统气源常用的压力控制回路，输出压力的大小由溢流式减压阀调整。在该回路中，排水过滤器、减压阀、油雾器常联合使用，一起称为气源处理装置，现已有组合件生产。

≫ 注意 ┃ 供给逻辑元件的压缩空气不需要加入润滑油，可省去油雾器或在其之前用三通接头引出支路即可。

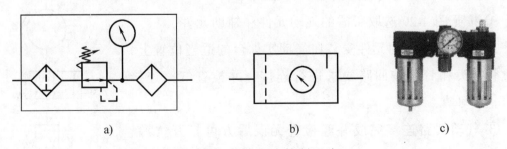

a)   b)   c)

图 4-27 二次压力控制回路
a）控制回路 b）图形符号 c）实物

三、高、低压转换回路

图 4-28 所示为高、低压转换回路。如图 4-28a 所示，该回路由两个减压阀分别调出 p_1、p_2 两种不同的压力，气压系统就能得到所需要的高压和低压输出。如图 4-28b 所示，该回路利用两个减压阀和一个换向阀构成，可进行高、低压力 p_1 和 p_2 的自动转换。

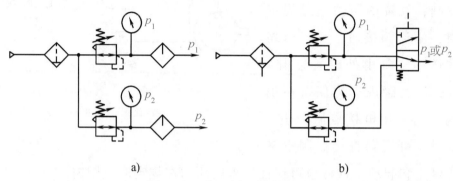

a)   b)

图 4-28   高、低压转换回路

技能实训 5   气动调压回路的连接与调试

1. 实训目的

1）加深理解压力控制回路的组成原理及特点。

2）能够完成基本压力控制回路的连接与调试。

2. 实训内容及步骤

1）压缩空气由气源经排水过滤器和调压阀、截止阀向系统供气，气压设定为 0.6MPa，根据图 4-29 所示的气马达控制原理图，通过减压阀和手动二位三通换向阀的控制，改变气马达的输出转矩。

① 按照图 4-29 选取所需的气动元件和辅助元件。

② 将选好的气动元件安装在气动实训台的适当位置上，通过管接头和管路按回路要求进行连接，并检查气路连接是否正确可靠。

③ 气动回路连接完成并经检查无误后方可打开气源，调试气路时要关闭气源。

④ 调节减压阀的压力，操作手动二位三通换向阀使其换向，观察气马达的运转情况。

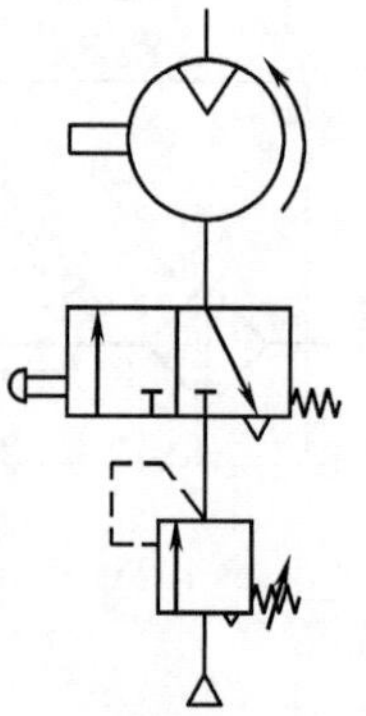

图 4-29   气马达控制原理图

⑤ 实训完成后应先关闭气源，再拆卸气路，拆卸后每个元件应放回原位。

2）在图 4-30 所示的气动控制原理图中，系统气压设定为 0.6MPa，顺序阀设定压力为 0.5MPa，当驱动换向阀动作时，气缸活塞杆伸出并对工件进行加工。当系统压力达到顺序阀设定压力时，气缸复位。

① 在气动实训台上完成该气路的连接，实训步骤同 1）中的①、②、③。

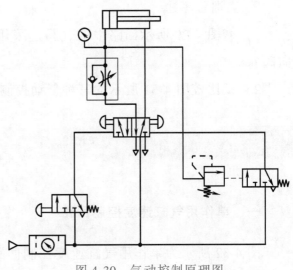

图 4-30 气动控制原理图

② 调节顺序阀的压力为 0.5MPa，适当调节节流阀的开口。

③ 分别操作二位三通换向阀和二位五通换向阀的按钮，观察气缸的运动情况。

④ 实训完成后应先关闭气源，再拆卸气路，拆卸后每个元件应放回原位。

3）在气动实训台上完成图 4-31 所示的三种气动控制回路的连接与调试，并比较气缸输出力控制的不同。

① 在气动实训台上完成该气路的连接，实训步骤同 1）中的①、②、③。

② 图 4-31 中的三个二位四通换向阀的操纵方式选手动或电磁控制均可。

③ 分别调节图 4-31 所示三个回路中三个调压阀的压力，并调成同一值。

④ 分别控制三个回路中的换向阀换向，注意观察三个液压缸输出力的情况。

⑤ 实训完成后应先关闭气源，再拆卸气路，拆卸后每个元件应放回原位。

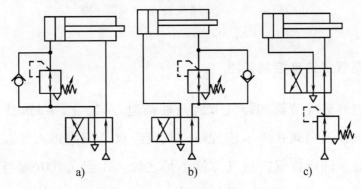

a)　　　　　　　b)　　　　　　　c)

图 4-31 气动控制回路

3. 实训思考题

1）若图 4-29 所示回路中的气马达采用双向气马达，则应使用何种形式的换向阀？

2）试比较图 4-31 所示的三种气动控制回路中气缸输出力控制的不同。

学习任务4　　速度控制回路的组成原理及气路连接

一、单作用气缸速度控制回路

图 4-32 所示为单作用气缸速度控制回路。在图 4-32a 所示回路中，活塞杆的升、降速度均通过节流阀调节，通过两个反向安装的单向节流阀可分别实现进气节流和排气节流，从而控制活塞杆的伸出及缩回速度。在图 4-32b 所示的回路中，气缸上升时可调速，下降时则通过快速排气阀排气，使气缸快速返回。

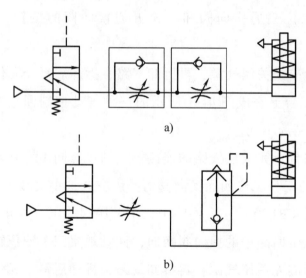

图 4-32　单作用气缸速度控制回路

二、双作用气缸速度控制回路

双作用气缸有进气节流和排气节流两种调速方式。图 4-33a 所示为进气节流调速回路，当气控换向阀在图示位置时，气流经过节流阀进入气缸 A 腔，B 腔排出的气体直接经换向阀排气。进气节流不足之处：①当负载方向与活塞运动方向相反时，活塞运动易出现不平稳现象，即"爬行"现象；②当负载方向与活塞运

动方向一致时，由于经换向阀排气，
几乎没有阻尼，负载易产生"跑空"
现象，使气缸失去控制。因此，进气
节流调速回路多用于垂直安装的气
缸。对于水平安装的气缸，其调速回
路一般采用图 4-33b 所示的排气节流
调速回路，当气控换向阀在图示位置
时，压缩空气经气控换向阀直接进入
气缸的 A 腔，而 B 腔排出的气体经节
流阀、气控换向阀排入大气，因而

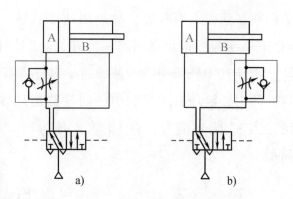

图 4-33　双作用气缸速度控制回路

a）进气节流调速回路　b）排气节流调速回路

B 腔中的气体就具有一定的背压力。此时，活塞在 A 腔与 B 腔的压差作用下前进，
从而减小了"爬行"发生的可能性。调节节流阀的开度就可控制不同的排气速
度，从而也就控制了活塞的运动速度。排气节流调速回路的特点是气缸速度随负
载变化较小，运动较平稳，能承受负值负载。

　　以上调速回路适用于负载变化不大的场合。如果要求气缸具有准确而平稳的
速度，特别是在负载变化较大的场合，就要采用气液相结合的调速方式。常采用
气液转换速度控制回路和气液阻尼缸速度控制回路。

三、气液转换速度控制回路

　　图 4-34 为气液转换速度控制回路，它利用气液转换器 1、2 将气压转换成液
压，利用液压油驱动液压缸 3，从而得到平稳
易控制的活塞运动速度，调节节流阀的开度就
可改变活塞的运动速度。这种回路充分发挥了
气动供气方便和液压速度容易控制的特点。

四、气液阻尼缸速度控制回路

　　图 4-35 所示为气液阻尼缸速度控制回路。
图 4-35a 所示为慢进快退回路，改变单向节流
阀的开度，即可控制活塞的前进速度；活塞返
回时，气液阻尼缸中液压缸无杆腔的油液通过

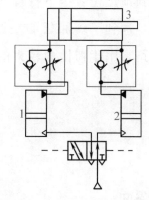

图 4-34　气液转换速度控制回路

1、2—气液转换器　3—液压缸

单向阀快速流入有杆腔，故返回速度较快，高位油箱起补充泄漏油液的作用。图4-35b 所示为快进快退回路，当有 K_2 信号时，二位五通换向阀换向，活塞向左运动，液压缸无杆腔中的油液通过 a 口进入有杆腔，气缸快速向左前进；当活塞将 a 口关闭时，液压缸无杆腔中的油液被迫从 b 口经节流阀进入有杆腔，活塞工作进给；当 K_2 信号消失，有 K_1 输入信号时，二位五通换向阀换向，活塞向右快速返回。

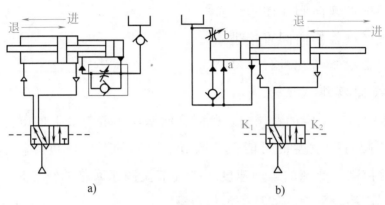

图 4-35　气液阻尼缸速度控制回路

a）慢进快退回路　b）快进快退回路

五、缓冲回路

气动执行元件动作速度较快，当活塞惯性力较大时，可采用图 4-36 所示的缓冲回路。当活塞向右运动时，右腔的气体经行程阀及三位五通换向阀排掉，当活塞前进到预定位置压下行程阀时，气体就只能经节流阀排除，这样使活塞运动速度减慢，达到了缓冲目的。调整行程阀的安装位置就可以改变缓冲的开始时间。此种回路常用于惯性力较大的气缸。

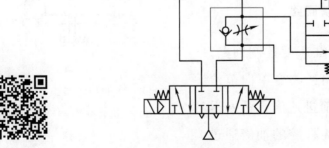

动画：缓冲回路

图 4-36　缓冲回路

比较图 4-37 所示的各气动回路，它们分别属于进气节流还是排气节流调速回路？并分析各自的工作特点。

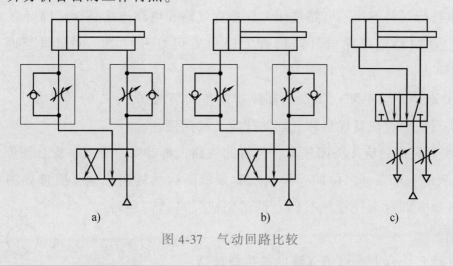

a)　　　　　　　　　b)　　　　　　　　　c)

图 4-37　气动回路比较

技能实训 6　气动速度控制回路的连接与调试

1. 实训目的

1）加深理解速度控制回路的组成原理及回路特性。

2）能够完成速度控制回路的连接与调试。

2. 实训内容及步骤

1）在图 4-38 所示回路中增加手动换向控制阀，实现单作用气缸和双作用气缸活塞杆的伸出、缩回及速度控制，并画出完整的控制原理图。

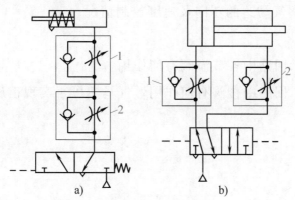

a)　　　　　　　　　b)

图 4-38　气缸调速回路

a）单作用气缸调速回路　b）双作用气缸调速回路

1、2—单向节流阀

① 按题目要求设计出完整的控制原理图，并请指导教师审阅。

② 按审阅后的调速回路图的要求选取所需的气动元件和辅助元件。

③ 将选好的气动元件安装在气动实训台的适当位置上，通过管接头和管路按回路要求进行气路连接、电路连接，并检查气路和电路连接是否正确可靠。

④ 气动回路连接完成并经检查无误后方可打开气源，调试气路时要关闭气源。

⑤ 分别调节图 4-38a、b 所示回路中的单向节流阀 1、2 的开口大小，并控制换向阀实现换向，注意观察两气缸的往复运动速度。

⑥ 实训完成后应先关闭气源，再拆卸气路，拆卸后每个元件应放回原位。

2）利用一个手动三位四通换向阀实现气马达的转向控制，原理如图 4-39 所示，在气动实训台上连接该气路，调试完成气马达两种转速的控制。

在气动实训台上完成该气路的连接与调试。

① 按照实训图的要求选取所需的气动元件和辅助元件。

② 将选好的气动元件安装在气动实训台的适当位置上，通过管接头和管路按回路要求进行连接，并检查气路连接是否正确可靠。

③ 气动回路连接完成并经检查无误后方可打开气源，调试气路时要关闭气源。

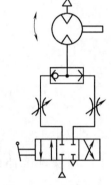

图 4-39　气马达转向
控制原理图

④ 分别调节图 4-39 所示回路中两个节流阀的开口大小，操作三位四通换向阀实现换向，注意观察气马达的转向及速度控制情况。

3. 实训思考题

1）图 4-38 所示回路中各节流阀有何作用？

2）图 4-39 所示回路中梭阀有何作用？气马达可否实现正反转控制？

学习任务 5　其他常用基本回路

一、增压回路

当气动系统中局部需要较高压力时，可采用高压泵，但其成本较高，一般可采用增压回路。

增压回路有多种形式，图 4-40 所示为由气液转换器和增压器组成的增压回路。图中 C 为带有冲头的工作缸，其工作循环：快进→工进→快退，工进时需要克服较大的负载。

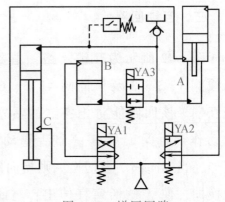

图 4-40 增压回路

当电磁铁 YA1 通电时，气源输出的压缩空气进入气液转换器 B 并使之输出低压油液，低压油液进入工作缸 C 上腔，使活塞杆快速运动。当冲头接触负载后，工作缸 C 上腔压力增加，压力继电器动作并输出信号，使电磁铁 YA2、YA3 通电。此时，增压器 A 输出高压油液进入工作缸 C 上腔使其完成工进动作。二位二通电磁换向阀的作用是防止高压油液进入气液转换器。当 YA1、YA2、YA3 都断电时，压缩空气进入工作缸 C 下腔使活塞杆快速退回。

二、延时回路

图 4-41a 所示为延时断开回路，当按下阀 A 后，阀 B 立即换向，活塞杆伸出，同时压缩空气经节流阀进入气容 C，经过一段时间，气容 C 中气压升高到一定值后，阀 B 自动换向，活塞返回。图 4-41b 所示为延时接通回路，按下阀 A，压缩空气经阀 A 和节流阀进入气容 C，经过一定时间，气容 C 中压力升高到一定值后，阀 B 才换向，使气路接通压缩空气。拉出阀 A，阀 B 换向，气路排气。

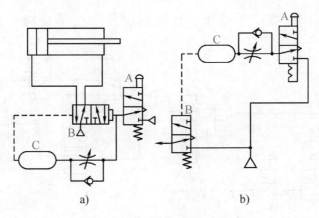

图 4-41 气压传动延时回路

a）延时断开回路 b）延时接通回路

三、互锁回路

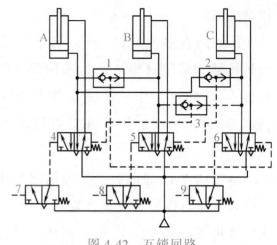

图 4-42 所示为互锁回路，主要利用梭阀 1、2、3 及换向阀 4、5、6 实现互锁。该回路能防止各缸的活塞同时动作，而保证只有一个活塞动作。例如，当换向阀 7 被切换，则换向阀 4 也换向，使 A 缸活塞杆伸出；与此同时，A 缸进气管路的气体使梭阀 1、2 动作，把换向阀 5、6 锁住。所以此时

图 4-42　互锁回路

即使换向阀 8、9 有气控信号，B、C 缸也不会动作。如要改变缸的动作，必须把前一个动作缸的气控阀复位才行，从而达到互锁的目的。

四、双手同时操作回路

在图 4-43a 所示回路中，只有两手同时操作手动阀 1、2 切换主控阀 3 时，气缸活塞才能下落。实际上给主控阀 3 的控制信号是手动阀 1、2 相"与"的信号。在此回路中，如果手动阀 1 或 2 的弹簧折断而不能复位，单独按下一个手动阀，气缸活塞也可下落，所以此回路并不十分安全。

在图 4-43b 所示回路中，需要两手同时按下手动阀，气容 6 中预先充满的压缩空气才能经手动阀 1 及气阻 5 节流延迟一定时间后切换主控阀 3，此时活塞才能下落。如果两手不同时按下手动阀，或因其中任一个手动阀弹簧折断不能复位，

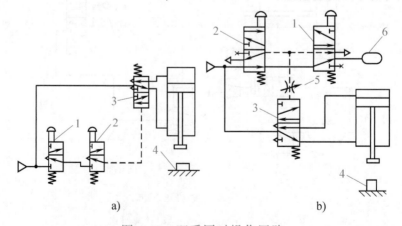

a)　　　　　　　　　　　　　　b)

图 4-43　双手同时操作回路

1、2—手动阀　3—主控阀　4—工件　5—气阻　6—气容

气容6内的压缩空气都将通过手动阀2的排气口排空，这样由于建立不起控制压力，主控阀3就不能被切换，活塞也就不能下落。

>> 注意　在双手同时操作回路中，两个手动阀的安装距离必须确保不能单手操作。

五、顺序动作回路

顺序动作是指在气动回路中各个气缸按一定程序完成各自的动作。例如，单缸有单往复动作、二次往复动作、连续往复动作等；双缸及多缸有单往复及多往复顺序动作等。

1. 单缸往复动作回路

单缸往复动作回路可分为单缸单往复和单缸连续往复动作回路。单往复指输入一个信号后，气缸只完成一次往复动作；连续往复指输入一个信号后，气缸的往复动作可连续进行。

图4-44所示为三种单往复动作回路。其中图4-44a所示为行程阀控制的单往复动作回路，当按下手动阀1的按钮后，压缩空气使气控阀3换向，活塞杆伸出，当滑块压下行程阀2时，气控阀3复位，活塞杆返回，完成一次循环。图4-44b所示为压力控制的单往复回路，按下手动阀1的按钮后，气控阀3的阀芯右移，气缸无杆腔进气，活塞杆伸出，当活塞行程到达终点时，无杆腔气压升高，打开顺序阀2，使气控阀3换向，气缸返回，完成一次循环。图4-44c所示为利用阻容回路形成的时间控制单往复动作回路，当按下手动阀1的按钮后，气控阀3换向，气缸活塞杆伸出，当活塞杆压下行程阀2后，需经过一定的时间后气控阀3才能

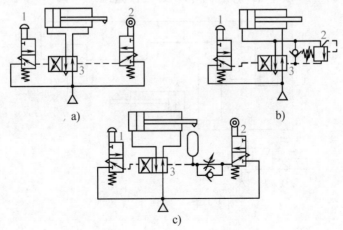

图4-44　单往复动作回路

a）行程阀控制　b）压力控制　c）利用阻容回路形成的时间控制

换向，使气缸返回，完成一次循环动作。由上述可知，在单往复回路中，每按动一次按钮，气缸可完成一个伸出和缩回的工作循环。

图4-45所示为连续往复动作回路。当按下手动阀1的按钮后，气控阀4换向，气缸活塞杆向前运动，这时由于行程阀3复位将气路封闭，使气控阀4不能复位，气缸活塞杆继续前进，到达行程终点压下行程阀2，使气控阀4控制气路排气，并在弹簧作用下气控阀4复位，气缸活塞杆返回；当压下行程阀3时，气控阀4换向，活塞杆再次伸出，形成了伸出和缩回的连续往复动作，当提起手动阀1的按钮后，气控阀4复位，活塞杆返回而停止运动。

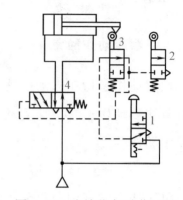

图4-45　连续往复动作回路
1—手动阀　2、3—行程阀　4—气控阀

2. 多缸顺序动作回路

两个、三个或多个气缸按一定顺序动作的回路，应用较广泛。在一个循环顺序里，若气缸只做一次往复运动，称为单往复顺序；若某些气缸做多次往复运动，就称为多往复顺序。若用A、B、C……表示气缸，用下标1、0表示活塞杆的伸出和缩回，则两个气缸的基本顺序动作有$A_1B_1A_0B_0$、$A_1A_0B_1B_0$和$A_1B_0A_0B_1$三种；而三个气缸的基本动作就有15种之多。这些顺序动作回路都属于单往复顺序动作回路，即在每一个程序里气缸只做一次往复运动。多往复顺序动作回路的顺序形成方式比单往复顺序多得多。

想一想

按照图4-46所示的冲压回路分析冲压工作过程。

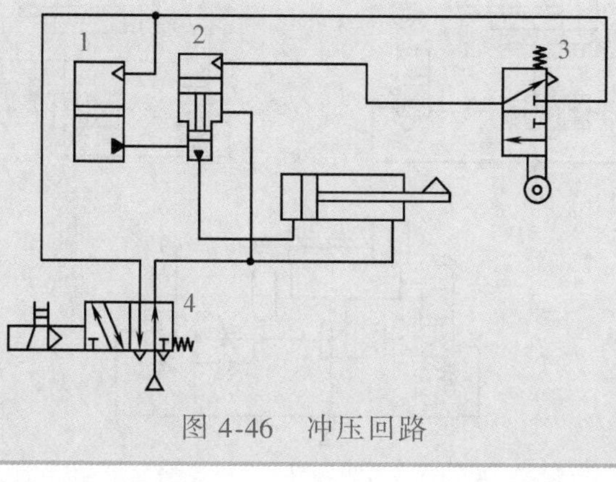

图4-46　冲压回路

技能实训 7　气动顺序控制回路的连接与调试

1. 实训目的

1）加深理解顺序控制回路的组成原理及回路特点。

2）能够完成单缸往复动作回路的安装与调试。

2. 实训内容及步骤

1）图 4-47 所示为带行程检测的时间控制回路，该回路利用延时换向阀控制气缸的单往复动作。设定气源压力 0.5MPa。

① 按照图 4-47 所示回路选取所需的气动元件和辅助元件。

② 将选好的气动元件安装在气动实训台的适当位置上，通过管接头和管路按回路要求进行连接，并检查气路连接是否正确可靠。

③ 气动回路连接完成并经检查无误后方可打开气源，调试气路时要关闭气源。

④ 调节单向节流阀的开度，按动手动二位三通换向阀使其换向，观察气缸的往复动作情况。

⑤ 实训完成后应先关闭气源，再拆卸气路，拆卸后每个元件应放回原位。

2）图 4-48 所示为自动往复动作回路，该回路通过两个二位三通行程阀使双作用气缸实现自动往复动作，气缸活塞杆伸出速度可调并且返回速度根据控制要求应尽可能快。

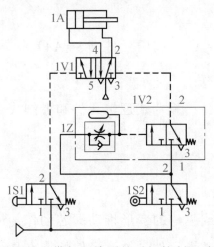

图 4-47　带行程检测的时间控制回路

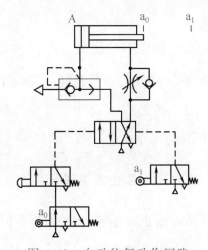

图 4-48　自动往复动作回路

① 在气动实训台上完成该气路的连接，实训步骤同 1）中的①、②、③。

② 适当调节单向节流阀的开度，操作二位三通手动换向阀使其换向，观察气缸的往复运动情况。

③ 实训完成后应先关闭气源，再拆卸气路，拆卸后每个元件应放回原位。

3. 实训思考题

1）说明延时换向阀的工作原理。

2）说明图 4-48 所示自动往复动作回路的工作原理。

3）图 4-48 中的快速排气阀在回路中起什么作用？

学习任务6　气动逻辑元件

气动逻辑元件是用压缩空气为介质在气控信号作用下动作，通过元件内部的可动部分来改变气流方向，以实现一定逻辑功能的气体控制元件。实际上，方向控制阀也具有逻辑元件的各种功能，所不同的是它的输出功率较大、尺寸大。而气动逻辑元件的尺寸较小，因此在气动控制系统中被广泛采用。

一、气动逻辑元件的分类

气动逻辑元件的种类很多，一般分类如下。

（1）按工作压力来分　可分为高压元件（工作压力为 0.2~0.8MPa）、低压元件（工作压力为 0.02~0.2MPa）及微压元件（工作压力在 0.02MPa 以下）三种。

（2）按逻辑功能分　可分为是门元件（$S=A$）、或门元件（$S=A+B$）、与门元件（$S=AB$）、非门元件（$S=\overline{A}$）和双稳元件等。

（3）按结构形式分　可分为截止式逻辑元件、膜片式逻辑元件和滑阀式逻辑元件等。

二、高压截止式逻辑元件

高压截止式逻辑元件是依靠控制气压信号或膜片的变形推动阀芯动作，从而改变气体的流动方向，以实现一定逻辑功能的逻辑元件。这类元件的特点是行程小、流量大、工作压力高、对气源净化要求低，便于实现集成安装和集中控制，其拆卸也很方便。

1. 是门和与门元件

图 4-49 所示为是门和与门元件，图中 A 为信号输入口，S 为信号输出口，中间口接气源 P 时为是门元件。也就是说，在 A 输入口无信号时，阀芯 2 在弹簧及气源压力作用下处于图示位置，封住 P、S 间的通道，使输出口 S 与排气口相通，S 无输出；反之，当 A 有输入信号时，膜片 1 在输入信号作用下将阀芯 2 推动下移，封住输出口 S 与排气口间通道，P 与S 相通，S 有输出。即无输入信号时无输

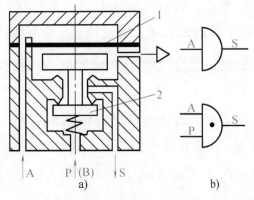

图 4-49　是门和与门元件

a）结构　b）图形符号

1—膜片　2—阀芯

出；有输入信号时就有输出，元件的输入和输出信号之间始终保持相同的状态，表示为 S=A。若将中间口不接气源而换接另一输入信号 B，则成为与门元件，也就是只有当 A、B 同时有输入信号时，S 才有输出，表示为 S=AB。

2. 或门元件

截止式逻辑元件中的或门元件大多由硬芯膜片及阀体所构成，膜片可水平安装，也可垂直安装。图 4-50 所示为或门元件，图中A、B 为信号输入口，S 为输出口。当只有 A信号输入时，阀芯 a 在信号气压作用下向下移动，封住信号口 B，气流经 S 输出；当只有 B 输入信号时，阀芯 a 在此信号作用下上移，封住 A 信号口通道，S 也有输出；当 A、 B 均有输入信号时，阀芯 a 在两个信号作用下或上移、或下移、或保持在中位，S 均会有输出。即或有 A，或有 B，或者 A、B二者都有，均有输出 S，表示为 S=A+B。

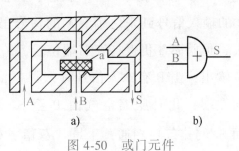

图 4-50　或门元件

a）结构　b）图形符号

3. 非门和禁门元件

图 4-51 所示为非门元件。当元件的输入端 A 没有信号输入时，阀芯 3 在气源压力作用下紧压在上阀座上，输出端 S 有输出信

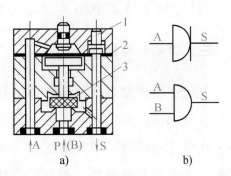

图 4-51　非门和禁门元件

a）结构　b）图形符号

1—活塞　2—膜片　3—阀芯

号；反之，当输入端 A 有输入信号时，作用在膜片 2 上的气源压力经阀杆使阀芯 3 向下移动，关闭气源通路，S 没有输出。也就是说，当有信号 A 输入时，S 就没有输出；当没有信号 A 输入时，S 就有输出，即 $S = \overline{A}$。活塞 1 用来显示输出的有无。

若把中间孔改作另一输入信号口 B，该元件即为"禁门"元件。也就是说，当 A、B 均有输入信号时，阀杆及阀芯 3 在 A 输入信号作用下封住 B 口，S 无输出；在 A 无输入信号而 B 有输入信号时，S 就有输出。A 的输入信号对 B 的输入信号起"禁止"作用，即 $S = \overline{A}B$。

4. 双稳元件

双稳元件属于记忆元件，在逻辑回路中起着重要的作用。图 4-52 所示为双稳元件，当 A 有输入信号时，阀芯 a 被推向图中所示的右端位置，气源的压缩空气便由 P 通至 S_1 输出，而 S_2 与排气口相通，此时"双稳"处于"1"状态；在控制端 B 的输入信号到来之前，A 的信号虽然消失，但阀芯 a 仍保持在右端位置，S_1 总是有输出；当 B 有输入信号时，阀芯 a 被推向左端，此时压缩空气由 P 至 S_2 输出，

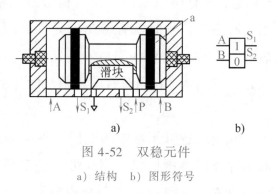

图 4-52 双稳元件
a) 结构 b) 图形符号

而 S_1 与排气口相通，于是"双稳"处于"0"状态；在 B 信号消失后，A 信号输入之前，阀芯 a 仍处于左端位置，S_2 总有输出。所以该元件具有记忆功能，即 $S_1 = K_B^A$，$S_2 = K_A^B$。使用中，不能在双稳元件的两个输入端同时加输入信号，否则元件将处于不定工作状态。

三、逻辑元件的选用

气动逻辑控制系统所用气源的压力变化，必须保障逻辑元件正常工作需要的气压范围和输出端切换时所需的切换压力，以及逻辑元件的输出流量和响应时间等，在设计系统时可根据系统要求参照有关资料选取逻辑元件。无论采用截止式或膜片式高压逻辑元件，都要尽量将元件集中布置。

由于信号的传输有一定的延时，信号的发出点与接收点之间不能相距太远，一般说来，最好不要超过几十米。当逻辑元件要相互串联时，一定要有足够的流

量，否则可能推不动下一级元件。另外，尽管高压逻辑元件对气源过滤要求不高，但最好使用过滤后的气源，一定不要让混入油雾的压缩空气进入逻辑元件。

想一想

在气动控制回路中，需将两个输入信号同时接通时应采用什么元件？

单 元 小 结

1）气动控制元件是在气动系统中用来控制和调节压缩空气的压力、流量、流动方向、发送信号的元件。

2）气动控制阀主要有压力控制阀、流量控制阀和方向控制阀三大类。

3）利用各种控制阀可以组成具有特定功能的基本回路，主要有换向回路、速度控制回路、安全保护回路、延时回路、增压回路和顺序动作回路等。

4）各基本回路的特性及应用。

思 考 与 练 习

1. 填空题

1）气压控制换向阀按控制方式的不同可分为＿＿＿＿、＿＿＿＿、＿＿＿＿等。

2）先导式电磁换向阀由＿＿＿＿＿＿＿＿和＿＿＿＿＿＿两部分组成。

3）梭阀相当于由＿＿＿＿组合而成，其作用相当于＿＿＿＿逻辑功能。

4）气动压力控制阀按其控制功能可分为＿＿＿＿、＿＿＿＿、＿＿＿＿三种。

5）顺序阀是依靠气路中＿＿＿＿来控制各执行元件的顺序动作的。

6）快速排气阀常安装在＿＿＿＿和＿＿＿＿之间；它的作用是＿＿＿＿＿＿＿＿。

7）排气节流阀装在＿＿＿＿的排气口处，调节排入大气中气体的流量，它不仅能调节执行元件的运动速度，还常带有＿＿＿＿＿＿＿＿＿＿＿。

8）一次压力控制回路主要用来控制＿＿＿＿＿＿的压力，二次压力控制回路主要是对＿＿＿＿＿＿进行控制。

9）气动回路的调速方法主要是节流调速，活塞的运动速度控制方式有＿＿＿＿＿＿和＿＿＿＿＿＿。

10）在双手同时操作回路中，两个手动阀必须安装在_____。双手操作回路是利用逻辑_____的信号。

2. 什么是气源处理装置？每个元件分别起什么作用？

3. 梭阀与双压阀各有何功能？

4. 为什么气动减压阀又称为调压阀？减压阀一般安装在什么地方？

5. 用一个二位三通换向阀能否控制一个双作用气缸的换向？

6. 要求气缸活塞左、右换向，可以任意位置停止，并使左、右运动速度可调，试设计并绘制气动控制原理图。

7. 试用一个气源处理装置、一个单电控二位五通换向阀和两个单向节流阀，设计一个可使双作用气缸能实现排气节流调速的控制回路。

8. 试用两个双作用气缸、一个气动顺序阀、一个二位四通单电控换向阀组成顺序动作回路。

单元5

气压传动系统实例

气压传动技术是实现工业生产自动化和半自动化的方式之一。由于气压传动系统使用安全、可靠，可以在高温、振动、腐蚀、易燃、易爆、多灰尘、强磁、辐射等恶劣环境下工作，所以气动技术应用日益广泛。本单元通过介绍气压传动技术在实际工程中的应用实例，使学生学会阅读和分析气压传动系统。

【学习目标】

- ☑ 能够正确阅读气压传动系统原理图。
- ☑ 能够分析各气压传动系统的组成及各元件在系统中的作用。
- ☑ 分析各气压传动系统的特点。

学习任务 1　气动机械手气压传动系统

机械手是自动生产设备和生产线上的重要装置之一，它可以根据各种自动化设备的工作需要模拟人手的部分动作，按预定的控制程序、轨迹和工艺要求实现自动抓取、搬运，完成工件的上料、卸料和自动换刀。因此，机械手在机械加工、冲压、锻造、铸造、装配和热处理等生产过程中广泛应用，以减轻工人的劳动强度。气动机械手是机械手的一种，它具有结构简单，重量轻，动作迅速、平稳、可靠，节能和环保等优点。

图 5-1 所示为气动机械手的机构示意图。该系统由 A、B、C、D 四个气缸组成，可实现手指夹持、手臂伸缩、立柱升降和立柱回转四个动作。

其中，A 缸为抓取工件的松紧缸；B 缸为长臂伸缩缸，可实现手臂的伸出与缩回动作；C 缸为立柱升降缸；D 缸为立柱回转缸，该气缸为齿轮齿条缸，它有两个活塞，分别装在带齿条的活塞杆两端，齿条的往复运动带动立柱上的齿轮旋转，从而实现立柱及手臂的回转。

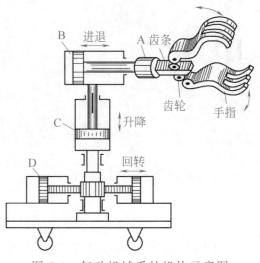

图 5-1 气动机械手的机构示意图

图 5-2 所示为一种通用机械手的气动系统原理图。此机械手手指部分为真空吸头，即无 A 气缸部分，要求其完成的工作循环为：立柱上升→伸臂→立柱顺时针方向转→真空吸头取工件→立柱逆时针方向转→缩臂→立柱下降。

三个气缸分别与三个三位四通双电控换向阀 1、2、7 和单向节流阀 3、4、5、6 组成换向、调速回路。各气缸的行程位置均由电气行程开关实现控制。表 5-1 为该机械手的电磁铁动作顺序表。

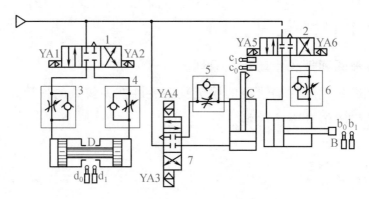

图 5-2 通用机械手气动系统原理图
1、2、7—三位四通双电控换向阀　3、4、5、6—单向节流阀

动画：机械手
气动系统

表 5-1 电磁铁动作顺序表

动作	电磁铁					
	YA1	YA2	YA3	YA4	YA5	YA6
立柱上升				+		
手臂伸出				−	+	
立柱转位	+					−
立柱复位	−	+				
手臂缩回		−				+
立柱下降			+			−

气动机械手工作循环分析：

按下起动按钮，YA4 通电，三位四通双电控换向阀 7 处于上位，压缩空气进入垂直缸 C 下腔，活塞杆（立柱）上升。

当垂直缸 C 活塞杆上的挡块碰到电气行程开关 c_1 时，YA4 断电，YA5 通电，三位四通双电控换向阀 2 处于左位，水平缸 B 活塞杆（手臂）伸出，带动真空吸头进入工作点并吸取工件。

当水平缸 B 活塞上的挡块碰到电气行程开关 b_1 时，YA5 断电，YA1 通电，三位四通双电控换向阀 1 处于左位，回转缸 D（立柱）顺时针方向回转，使真空吸头进入卸料点卸料。

当回转缸 D 活塞杆上的挡块压下电气行程开关 d_1 时，YA1 断电，YA2 通电，三位四通双电控换向阀 1 处于右位，回转缸 D 复位。回转缸复位，其上的挡块碰到电气行程开关 d_0 时，YA6 通电，YA2 断电，三位四通双电控换向阀 2 处于右位，水平缸 B 活塞杆（手臂）缩回。

水平缸 B 活塞杆（手臂）缩回时，挡块碰到电气行程开关 b_0，YA6 断电，YA3 通电，三位四通双电控换向阀 7 处于下位，垂直缸 C 活塞杆（立柱）下降，到达原位时，碰到电气行程开关 c_0，使 YA3 断电，至此完成一个工作循环。如再给起动信号，可进行下一次工作循环。

根据需要只要改变电气行程开关的位置，调节单向节流阀的开度，即可改变各气缸的行程和运动速度。

想一想

在机械手气动控制系统中，各气动换向阀采用 O 型中位机能，有何功能？

学习任务 2 拉门自动开闭系统

门的形式多种多样，有推门、拉门、屏风式的折叠门、左右门扇的旋转门以及上下关闭的门等。下面就以拉门自动开闭系统进行介绍。

如图 5-3 所示，该装置通过连杆机构将气缸活塞杆的直线运动转换成拉门的开闭运动，利用超低压气动阀来检测行人的踏板动作。在拉门内、外装踏板 6 和 11，踏板下方装有一端完全密封的橡胶管，管的另一端与超低压气动阀 7 和 12 的控制口连接。当人站在踏板上时，橡胶管里的压力上升，超低压气动阀动作。

首先使手动阀 1 上位接入工作状态，压缩空气通过气控换向阀 2、单向节流

阀 3 进入气缸 4 的无杆腔，将活塞
杆推出（门关闭）。当人站在踏板 6 上
后，超低压气动阀 7 动作，压缩空
气通过梭阀 8、单向节流阀 9 和气容
10 使气控换向阀 2 换向，压缩空气进
入气缸 4 的有杆腔，活塞杆退回（门
打开）。

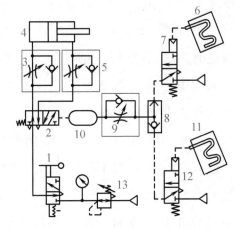

图 5-3　拉门的自动开闭系统

1—手动阀　2—气控换向阀　3、5、9—单向节流阀

4—气缸　6、11—踏板　7、12—超低压气动阀

8—梭阀　10—气容　13—减压阀

当行人经过门后踏上踏板 11 时，
超低压气动阀 12 动作，使梭阀 8 上面
的通口关闭，下面的通口接通（此时
由于人已离开踏板 6，超低压气动阀 7
已复位），气容 10 中的空气经单向节
流阀 9、梭阀 8 和超低压气动阀 12 放
气（人离开踏板 11 后，超低压气动阀 12 已复位），经过延时（由节流阀控制）
后，气控换向阀 2 复位，气缸 4 的无杆腔进气，活塞杆伸出（关闭拉门）。

该回路利用逻辑"或"的功能，回路比较简单，工作可靠。行人无论从门的
哪一边进出均可。减压阀 13 可自由调节关门力度，十分方便。如将手动阀复位，
则可变为手动门。

想一想

如何调节开门或关门的速度以及关门延时时间？

学习任务 3　数控加工中心气动换刀系统

图 5-4 所示为数控加工中心气动换刀系统原理，该系统在换刀过程中可实现
主轴定位、松刀、拔刀、向主轴锥孔吹气和插刀等动作。表 5-2 为该系统的电磁
铁动作顺序。

其工作原理如下：当数控系统发出换刀指令时，主轴停止旋转，同时 YA4 通
电，压缩空气经气源处理装置 1→换向阀 4→单向节流阀 5→主轴定位缸 A 的右
腔→主轴定位缸 A 活塞杆左移，使主轴自动定位。定位后压下无触点开关，使
YA6 通电，压缩空气经换向阀 6→快速排气阀 8→气液增压缸 B 的上腔→气液增压

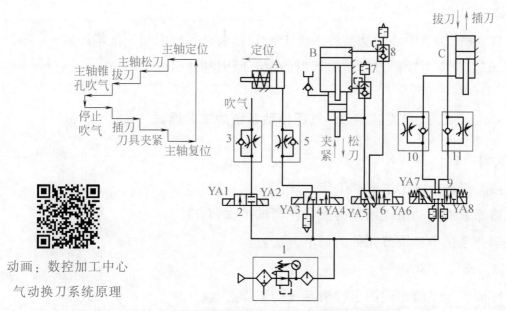

动画：数控加工中心
气动换刀系统原理

图 5-4　数控加工中心气动换刀系统原理

1—气源处理装置　2、4、6、9—换向阀　3、5、10、11—单向节流阀　7、8—快速排气阀

表 5-2　电磁铁动作顺序表

工况	电磁铁							
	YA1	YA2	YA3	YA4	YA5	YA6	YA7	YA8
主轴定位				+				
主轴松刀				+		+		
拔刀				+		+		+
向主轴锥孔吹气	+			+		+		+
停止吹气	-	+		+		+		+
插刀				+		+	+	-
刀具夹紧				+	+	-		
主轴复位			+	-				

腔 B 的活塞杆伸出，实现主轴松刀，同时使 YA8 通电，压缩空气经换向阀 9→单向节流阀 11→缸 C 的上腔，缸 C 下腔排气，活塞杆下移实现拔刀。由回转刀库交换刀具，同时 YA1 通电，压缩空气经换向阀 2→单向节流阀 3 向主轴锥孔吹气。稍后 YA1 断电，YA2 通电，停止吹气。YA8 断电、YA7 通电，压缩空气经换向阀 9→单向节流阀 10→缸 C 下腔→活塞上移，实现插刀动作。YA6 断电、YA5 通电，压缩空气经换向阀 6→气液增压缸 B 的下腔→活塞退回，主轴的机械机构使刀具夹紧。YA4 断电、YA3 通电，主轴定位缸 A 的活塞杆在弹簧力作用下复位，恢复到开始状态，换刀结束。

> **想一想**
>
> 1）在数控加工中心气动换刀系统中，为什么夹紧缸采用气液增压缸？
>
> 2）加工中心主轴松刀时动作缓慢的主要原因是什么？

技能实训8 气压传动系统的安装调试

1. 实训目的

1）熟悉气动系统的组成和工作原理。

2）熟练掌握气动系统回路的安装、调试步骤和方法。

3）学会系统中各调节元件的调节方法。

2. 实训步骤和要求

1）阅读气动系统原理图，弄清系统的工作过程。

2）根据给出的系统图分析实训具体要求，将系统中需要设计的部分完成，请指导教师审核。

3）对照系统中的元件符号找到所需要的气动元件及辅助元件。

4）根据系统图把所需的元件在气动实训台（气源压力为0.6MPa）上用气管连接起来，并将电气控制线接好。

5）自己仔细检查后，经教师检查确认无误方可开机运行，并进行系统的必要调整。

6）完成实训并经教师检查评价后，关闭电源，拆下管路和元件，放回原处。

3. 实训内容

1）传动带系统的结构示意图如图5-5a所示，它是采用一个步进机构和一个传输气缸来驱动一条传送带，通过一个起动开关起动系统后，传送带应连续运行。设备关断后，传输气缸应位于初始位置。完成图5-5b所示的传送带系统控制原理图，并进行连接、调试练习。

2）罐装系统的结构示意图如图5-6a所示，它是采用一个气缸驱动一个摆动机构来罐装一个容器，摆动过程通过一个相应的手动控制阀来控制。完成图5-6b所示的罐装系统控制原理图，手动控制，并进行连接、调试训练。

3）图5-7a所示为传送工件的传送带系统结构示意图，从右侧辊柱式传送带上送过来一个工件，并被举升后送往一个新方向。根据图5-7b所示的控制原理图连接气压传动回路，并调试运行，说明该系统的工作过程。

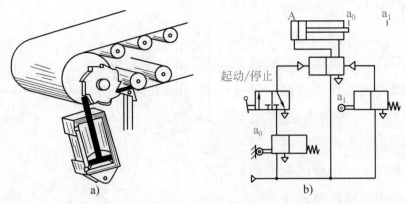

图 5-5　传送带系统

a）结构示意图　b）控制原理图

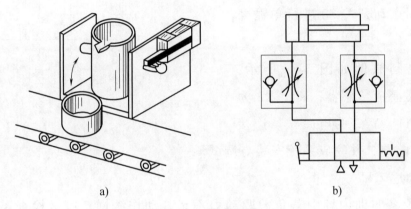

图 5-6　罐装系统

a）结构示意图　b）控制原理图

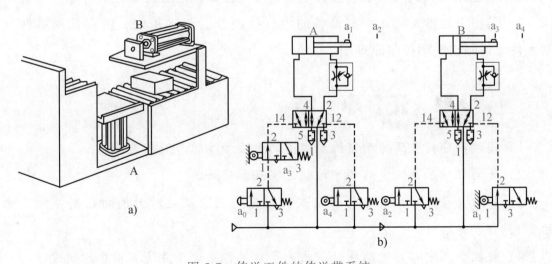

图 5-7　传送工件的传送带系统

a）结构示意图　b）控制原理图

4）图 5-8a 所示为沙发寿命测试设备的结构示意图。图 5-8b 所示为其气动原理图，它使用双电控二位五通电磁换向阀控制双作用气缸，带有磁性活塞环的气缸外装有磁感应开关，其信号控制双作用气缸的自动往复运动。要求气缸伸出时的速度能够调节，系统采用两种控制方式：

① 使用开关 S3 进行连续循环控制。

② 使用点动开关 S0 进行单循环控制。

电气控制原理如图 5-8c 所示，B1、B2 为磁感应传感器，K1、K2 为继电器，YA1、YA2 为电磁铁。连接气路和控制电路，并完成系统安装与调试。

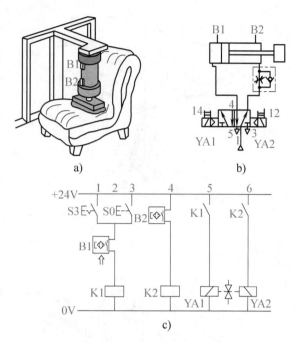

图 5-8　沙发寿命测试设备

a）结构示意图　b）气动原理图　c）电气控制原理图

4. 实训思考题

1）以上各实训内容中若负载驱动力不足，动作缓慢，应该检查系统中哪个仪表？如何调整？

2）在连接与调试气动系统过程中，对于气源处理装置应该注意什么？

3）若将上述沙发寿命测试设备的电气控制改为气动控制，则应选用哪些气动元件？请画出气动控制原理图。

单 元 小 结

1）阅读和分析气压传动系统原理图的方法和步骤与液压类似。

2）气动机械手系统中的顺序控制是重点和难点。

3）拉门自动开闭系统中的开门或关门速度调节及延时时间的控制是此系统的重点。

4）数控加工中心的气动换刀系统是多缸动作系统，弄清其程序控制过程。

思 考 与 练 习

1. 在图5-4所示的数控加工中心气动换刀系统中，夹紧缸采用了气液增压缸，为什么？

2. 在拉门自动开闭系统中，利用了哪个元件的什么逻辑功能？

3. 公共汽车车门采用气动控制，驾驶员和售票员各有一个气动开关用以控制汽车门的开和关。试设计车门的气动控制回路，并说明其工作过程。

单元6

气压传动系统的安装调试与故障分析

气压传动系统工作是否稳定可靠，关键在于气动元件的正确选择及安装。气动系统必须经常检查维护，才能及时发现气动元件及系统的故障先兆，并进行处理，保证气动元件及系统正常工作，延长其使用寿命。

【学习目标】

→ 了解气动系统安装、调试的一般规范、步骤和方法。
→ 逐步学会气动系统的安装、调试。
→ 学会分析气动系统的故障及故障的排除方法。
→ 通过实训逐步学会排除气动系统的一般故障。

学习任务1　气压传动系统的安装与调试

一、气动元件的选择与安装调试

1. 气缸的选择

首先，根据气缸的工作要求选定气缸的规格、缸径和行程。按气缸工作行程加上适当余量选取相近的标准行程作为预选行程，依次进行轴向负载检验（压杆稳定性）、径向载荷及缓冲性能校核。其次，还应考虑环境条件（温度、粉尘、腐蚀性等）、安装方式、活塞杆的连接方式（内外螺纹、球铰等）及程发信号方式。

（1）缸径　气缸缸径尺寸系列见表6-1，摘自 GB 2348—2018《流体传动系统及元件　缸径及活塞杆直径》。

表 6-1 气缸缸径尺寸系列 　　　　　　　　（单位：mm）

8	10	12	16	20	25	32	40	50	60	63		80	90
100	(110)	125	140	160	(180)	200	220	250	280	320	360	400	(450) 500

注：括号内数据非优先选用。

（2）行程　气缸行程与使用场合和机构的行程比有关，一般按计算所需行程多加 10~20mm 的行程余量选择生产厂商提供的标准行程。

（3）气缸的使用

1）气缸的安装方式。采用脚架式、法兰式安装时，应尽量避免安装螺栓本身直接受推力或拉力负载；同时要求安装底座有足够的刚性。若安装底座刚性不足，受力后将发生变形，将对活塞运动产生不良影响。采用尾部悬挂中间摆动（耳环中间轴销型）安装时，活塞杆顶端连接销位置与安装件轴的位置处于同一方向。采用中间轴销摆动式安装时，除注意活塞杆顶端连接销的位置外，还应注意气缸轴线与轴支架的垂直度。气缸的中心应尽量靠近轴销的支点，以减小弯矩，使气缸活塞杆的导向套不至承受过大的横向载荷。缸体的中心高度比较大时，可将安装螺栓加粗或将螺栓的间距加大。

2）气缸的安全规范。气缸使用时的工作压力超过 1.0MPa 或容积超过 450L 时，应作为压力容器处理，遵守压力容器的有关规定。气缸使用前，应检查各安装连接点有无松动。操纵上应考虑安全互锁。

进行顺序控制时，应检查气缸的工作位置。当发生故障时，应有紧急停止装置。工作结束后，气缸内部的压缩空气应予排放。

3）气缸的工作环境。

① 环境温度。通常规定气缸的工作环境温度为 5~60℃。气缸在 5℃ 以下使用时，会因压缩空气中所含的水分凝结给气缸动作带来不利影响。此时，要求空气的露点温度低于环境温度 5℃ 以下，以防止空气中的水蒸气凝结；同时要考虑在低温下使用的密封件和润滑油。另外，在低温环境中的空气会在活塞杆上冻结。当气缸动作频率较低时，可在活塞杆上涂上润滑脂，以防止活塞杆上结冰。在高温下使用时，可选用耐用气缸；同时应注意，高温空气对行程开关、管件及换向阀的影响。

② 润滑。气缸通常采用油雾润滑，应选用推荐的润滑油，使密封圈不产生膨胀、收缩，且与空气中的水分混合不产生乳化。

③ 接管。气缸接入管道前，必须清除管道内的脏物，防止杂物进入气缸。

2. 控制阀的使用

1）安装前应查看阀的铭牌，注意型号、规格与使用条件是否相符，包括电源、工作压力、通径、螺纹接口等。随后，应进行通电、通气试验，检查阀的换向动作是否正常。用手动装置操作，看阀是否换向。手动切换后，手动装置应复位。

2）安装前应彻底清除管道内的粉尘、铁锈等污物。接管时应防止密封带碎片进入阀内。

3）应注意阀的安装方向，大多数电磁阀对安装位置和方向无特殊要求，对指定要求的应予以注意。

4）对于双电控电磁阀，应在电气回路中设计互锁回路，以防止两端电磁铁同时通电而烧毁线圈。

5）使用小功率电磁阀时，应注意继电器节电保护电路 RC 元件的漏电流造成的电磁铁误动作。因为此漏电流在电磁线圈两端产生漏电压，当漏电压过大时，就会使电磁铁一直通电而不能关断，此时可接入漏电阻。

6）应注意采用节流的方式和场合。对于截止式阀或有单向密封的阀，不宜采用排气节流阀，否则将引起误动作。对于内部先导式电磁阀，其入口不得节流。所有阀的进气孔或排气孔不得阻塞。

二、气压传动系统的使用和维护

1）系统使用中应定期检查各部件有无异常现象，各连接部位有无松动；气缸、各种阀的活动部位应定期加润滑油。

2）气缸检修重新装配时，零件必须清洗干净，特别注意防止密封圈剪切、损坏，注意唇形密封圈的安装方向。

3）阀的密封元件通常用丁腈橡胶制成，应选择对橡胶无腐蚀作用的透平油作为润滑油（ISO VG32）。对无油润滑的阀，一旦用了含油雾润滑的空气后，就不能中断使用。因为润滑油已将原有的油脂洗去，中断后会造成润滑不良。

4）气缸拆下长时间不使用时，所有加工表面应涂防锈油，进排气口加防尘塞。

5）应严格管理所用空气的质量，注意空压机等设备的管理，除去冷凝水等有害杂质。

为了使气动系统能够长期稳定地运行，应采取下述定期维护措施：

1）每天应将过滤器中的水排放掉。有大的气罐时，应装油水分离器。检查油雾器的油面高度及油雾器调节情况。

2）每周应检查信号发生器上是否有灰尘或铁屑沉积。查看调压阀上的压力表。检查油雾器的工作是否正常。

3）每三个月检查管道连接处的密封情况，以免泄漏。更换连接到移动部件上的管道。检查阀口有无泄漏。用肥皂水清洗过滤器内部，并用压缩空气从反方向将其吹干。

4）每六个月检查气缸内活塞杆的支承点是否磨损，必要时应更换。同时应更换刮板和密封圈。

技能实训 9　气压传动系统的安装、调试和性能测试

1．实训目的

1）熟悉气动元件的选择以及使用方法。

2）能够读懂气动系统控制原理图，学会分析控制过程和方法。

3）进一步掌握气动系统的安装和调试。

2．实训设备及要求

（1）实训设备

1）气动实训台。

2）气动元件：双作用气缸两个、双气控二位五通换向阀两个、单向节流阀两个、按钮式二位三通换向阀1个、滚轮式二位三通换向阀两个、带可通过式滚轮二位三通换向阀两个及气源处理装置、分配器、气管等。

3）压缩空气预处理单元。

（2）实训要求

1）气动回路连接完成并经检查无误后方可打开气源，调试气路时要关闭气源。

2）实训完成后应先关闭气源，再拆卸气路，拆卸后每个元件应放回原位。

3．实训内容及步骤

1）图6-1所示为钻孔机，该设备可实现工件钻孔和工件夹紧的功能，工作过程如下：用手将要钻孔的工件放到夹具中。按下起动按钮后，气缸A的活塞杆将工件夹紧。当工件被夹紧后，气缸B的活塞杆伸出，在工件上钻孔并自动返回到上端终点位置（在完成钻孔的过程后）。当气缸B的活塞杆返回到上端的终点位

置时，气缸 A 的活塞杆也返回并松开工件。根据系统要求初步设计气动控制系统图。

2）气动系统图如图 6-2 所示，分析控制过程。

4. 连接气路

1）选择元件，并检查有无损坏、是否清洁等，安装到实验底板适当位置上。

2）根据系统图，用塑料软管和附件将元件连接起来。

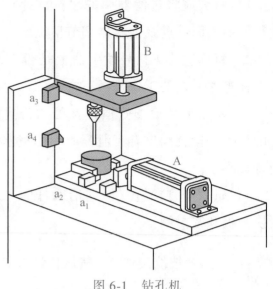

图 6-1　钻孔机

3）带可通过式滚轮的二位三通换向阀应该被安装在接近终点的位置，目的是让活塞杆的头部在到达终点位置时刚好越过压过的滚轮。在安装这种滚轮阀时，应注意其正确的作用方向。

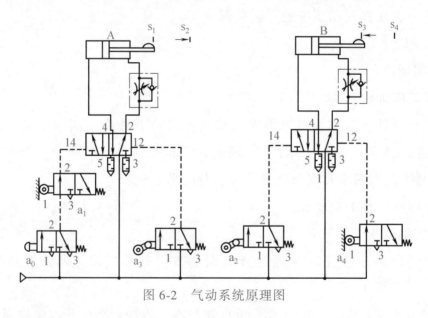

图 6-2　气动系统原理图

4）接通压缩空气。检查气缸动作顺序的正确性。

5. 调试该系统

1）气源压力设定在 0.6MPa，用压力表测量。

2）检查动作顺序是否正确。调整气路连接及安装位置，使之达到控制要求。

3）调整单向节流阀，看两个气缸是否可以调速。

6. 实训思考题

1）系统在进行工作循环时，各个行程开关应处于什么状态？

2）系统采用了双气控二位五通换向阀，它是如何保证系统工作循环的？

3）系统中两个单向节流阀的作用是调节伸出速度还是缩回速度？

4）带可通过式滚轮的二位三通换向阀有何特点？说明其在系统中的作用。

学习任务2　气压传动系统的故障分析与排除

一、气压传动系统故障

通常，一个新设计安装的气动系统被调试好以后，在一段时间内较少出现故障。几周或几个月内都不会出现过早磨损的情况，正常磨损要在使用几年后才会出现。气动系统出现故障，根据发生的时期不同，故障的内容和原因也不同，故气动系统故障可分为初期故障、突发故障和老化故障。

1. 初期故障

在调试阶段和开始运转的 2~3 个月内发生的故障称为初期故障。其产生的原因如下。

（1）元件加工、装配不良　如元件内孔的研磨不符合要求，零件毛刺未清除干净，不清洁安装，零件装错、装反，装配时对中不良，紧固螺钉拧紧力矩不恰当，零件材质不符合要求，外购零件（如密封圈、弹簧）质量差等。

（2）元件设计失误　如对零件的材料选用不当，加工工艺要求不合理等；对元件的特点、性能和功能了解不够，造成回路设计时元件选用不当；设计的空气处理系统不能满足气动元件和系统的要求，回路设计出现错误。

（3）安装不符合要求　安装时，元件及管道内吹洗不干净，使灰尘、密封材料碎片等杂质混入，造成气动系统故障，安装气缸时存在偏载；管道的防松、防振动等没有采取有效措施。

（4）维护管理不善　如未及时排放冷凝水，未及时给油雾器补油等。

2. 突发故障

系统在稳定运行期间突然发生的故障称为突发故障。例如，空气或管路中残留的杂质混入元件内口，突然使相对运动件卡死；弹簧突然折断、软管突然爆裂、电磁线圈突然烧毁；突然停电造成回路误动作等。

有些突发故障是有先兆的，如压缩空气中出现杂质和水分，表明过滤器已失效，应及时查明原因，予以排除，不要酿成突发故障；但有些突发故障是无法预测的，只能采取安全保护措施加以防范，定期保养或准备一些易损备件，以便及时更换失效的元件。

3. 老化故障

个别或少数元件达到使用寿命后发生的故障称为老化故障。根据经验，参照系统中各元件的生产日期、开始使用日期、使用的频繁程度以及已经出现的某些征兆，如声音反常、泄漏越来越严重、气缸运动不平稳等，大致预测老化故障的发生期限是可能的。

二、故障诊断方法

气动系统产生的故障是很难判断的，下面主要介绍两种常用的故障诊断方法。

1. 经验法

主要依靠实践经验，并借助简单的仪表诊断故障发生的部位、找出故障原因的方法，称为经验法。

观察执行元件的运动速度有无异常变化，各测压点的压力表显示的压力是否符合要求，有无大的波动；润滑油的质量和滴油量是否符合要求；冷凝水能否正常排出；换向阀排气口排出的空气是否干净；电磁阀的指示灯显示是否正常；紧固螺钉及管接头有无松动；管道有无扭曲和压扁，有无明显振动存在；加工产品质量有无变化等。

气缸及换向阀换向有无异常声音；系统停止工作但尚未泄压时，各处有无漏气，漏气声音大小及其每天的变化情况；电磁线圈和密封圈有无因过热而发出的特殊气味等。

查阅气动系统的技术档案，了解系统的工作程序、运行要求及主要技术参数；查阅产品样本，了解每个元件的作用、结构、功能和性能；查阅维护检查记录，了解日常维护保养工作情况；访问现场操作人员，了解设备运行情况，了解故障发生前的征兆及故障发生时的状况，了解曾经出现过的故障及其排除方法。

触摸相对运动件外部的手感和温度，电磁线圈处的温升等，若触摸感到烫手，则应查明原因；气缸、管道等处有无振动感，气缸有无爬行感，各接头处及元件处手感有无漏气等。

经验法简单易行，但由于每个人的感觉、实际经验和判断能力的差异，诊断故障会存在一定的局限性。

2. 推理分析法

利用逻辑推理，逐渐逼近，找出故障的真实原因的方法称为推理分析法。

（1）推理步骤　从故障的症状找出故障发生的真实原因，可按下面三步进行：

1）从故障的症状推理出故障的本质原因。

2）从故障的本质原因推理出可能导致故障的常见原因。

3）从各种可能的常见原因中推理出故障的真实原因。

（2）推理方法　推理的原则是由简到繁、由易到难、由表及里地逐一进行分析，排除不可能的和非主要的故障原因；先查故障发生前曾调整或更换过的元件；优先查故障概率高的常见原因。具体操作时主要有以下几种方法：

1）仪表分析法。即利用检测仪器仪表（如压力表、差压计、电压表、温度计、电秒表及其他电子仪器等）检查系统或元件的技术参数是否合乎要求。

2）部分停止法。即暂时停止气动系统某部分的工作，观察对故障征兆的影响。

3）试探反证法。即试探性地改变气动系统中部分工作条件，观察对故障征兆的影响。

如阀控气缸不动作时，除去气缸的外负载，看气缸能否正常动作，便可反证是否是由于负载过大造成气缸不动作。

4）比较法。即用标准的或合格的元件代替系统中相同的元件，通过工作状况的对比来判断被更换的元件是否失效。

为了从各种可能的常见故障原因中推理出故障的真实原因，可根据上述推理原则和推理方法画出故障诊断逻辑推理框图，以便于快速准确地找到故障的真实原因。

三、气压传动系统故障实例分析

以图5-4所示的数控加工中心气动换刀系统为例，分析气动系统故障及其排除方法。

该系统可实现机床防护门的自动开关、主轴锥孔的清洁、自动吹屑清理定位基准面、机械手动作、主轴松刀、主轴分段变速等的控制。

1. 刀柄和主轴的故障维修

故障现象：该立式加工中心换刀时，主轴锥孔吹气，把含有铁锈的水分吹出，并附着在主轴锥孔和刀柄上，造成刀柄和主轴接触不良。

分析及处理过程：故障产生的原因是压缩空气中含有水分。如采用空气干燥机，使用干燥后的压缩空气，问题即可解决。若受条件限制，没有空气干燥机，也可在主轴锥孔吹气的管路上进行两次排水过滤，设置自动放水装置，并对气路中相关零件进行防锈处理，故障即可排除。

2. 松刀动作缓慢的故障维修

故障现象：该立式加工中心换刀时，主轴松刀动作缓慢。

分析及处理过程：主轴松刀动作缓慢的原因有：①气动系统压力太低或流量不足；②机床主轴拉刀系统有故障，如碟形弹簧破损等；③主轴松刀气缸有故障。根据分析，首先检查气动系统的压力，压力表显示气压为 0.6MPa，压力正常；将机床操作转为手动，手动控制主轴松刀，发现系统压力下降明显，气缸的活塞杆缓慢伸出，故判定气缸内部漏气。拆下气缸，打开端盖，压出活塞和活塞环，发现密封环破损，气缸内壁拉毛。更换新的气缸后，故障排除。

3. 变速无法实现的故障维修

故障现象：该立式加工中心换挡变速时，变速气缸不动作，无法变速。

分析及处理过程：变速气缸（图中未画出）不动作的原因有：①气动系统压力太低或流量不足；②气动换向阀未通电或换向阀有故障；③变速气缸有故障。根据分析，首先检查气动系统的压力，压力表显示气压为 0.6MPa，压力正常；检查换向阀电磁铁已带电，操作手动换向阀，变速气缸动作，故判定气动换向阀有故障。拆下气动换向阀，检查发现有污物卡住阀芯。进行清洗后，重新装好，故障排除。

四、气压传动系统和气动元件常见故障与排除方法

气压传动系统和气动元件的常见故障及其原因与排除方法见表 6-2~表 6-8。

表 6-2　气压传动系统常见故障及其原因与排除方法

常见故障	原因	排除方法
元件和管道阻塞	压缩空气质量不好，水汽、油雾含量过高	检查过滤器、干燥器，调节油雾器的滴油量
元件失压或产生误动作	安装和管道连接不符合要求（信号线太长）	合理安装元件与管道，尽量缩短信号元件与主控阀的距离

（续）

常见故障	原因	排除方法
气缸出现短时输出力下降	供气系统压力下降	检查管道是否有泄漏、管道连接处是否松动
滑阀动作失灵或流量控制阀的排气口阻塞	管道内的铁锈、杂质使阀座被粘连或堵塞	清除管道内的杂质或更换管道
元件表面有锈蚀或阀门元件严重阻塞	压缩空气中凝结水含量过高	检查、清洗过滤器、干燥器
活塞杆速度有时不正常	由于辅助元件的动作而引起的系统压力下降	提高压缩机供气量或检查管道是否泄漏、阻塞
活塞杆伸缩不灵活	压缩空气中含水量过高,使气缸内润滑不好	检查冷却器、干燥器、油雾器工作是否正常
气缸的密封件磨损过快	气缸安装时轴向配合不好,使缸体和活塞杆上产生支承应力	调整气缸安装位置或加装可调支承架
系统停用几天后,重新起动时,润滑部件动作不畅	润滑油结胶	检查、清洗油水分离器或调小油雾器的滴油量

表 6-3　减压阀常见故障及其原因与排除方法

常见故障	原因	排除方法
二次压力升高	1)阀弹簧损坏 2)阀座有伤痕或阀座橡胶剥离 3)阀体中混入灰尘,阀导向部分粘附异物 4)阀芯导向部分和阀体的O形密封圈收缩、膨胀	1)更换阀弹簧 2)更换阀座 3)清洗、检查过滤器 4)更换O形密封圈
压降很大(流量不足)	1)阀通径小 2)阀下部积存冷凝水,阀内混入异物	1)使用通径大的减压阀 2)清洗、检查过滤器
向外漏气(阀的溢流孔处泄漏)	1)溢流阀座有伤痕(溢流式) 2)膜片破裂 3)二次侧背压增加	1)更换溢流阀阀座 2)更换膜片 3)检查二次侧的装置、回路
阀体泄漏	1)密封件损伤 2)弹簧松弛	1)更换密封件 2)张紧弹簧
异常振动	1)弹簧的弹力减弱,或弹簧错位 2)阀体的中心、阀杆的中心错位 3)因空气消耗量周期变化使阀不断开启、关闭,与减压阀引起共振	1)把弹簧调整到正常位置,更换弹力减弱的弹簧 2)检查并调整位置偏差 3)和制造厂协商,更换元件
虽已松开手柄,二次侧空气也不溢流	1)溢流阀座孔堵塞 2)使用非溢流式调压阀	1)清洗并检查过滤器 2)非溢流式调压阀松开手柄也不溢流。因此需要在二次侧安装高压溢流阀

表 6-4　溢流阀常见故障及其原因与排除方法

常见故障	原因	排除方法
压力虽已上升,但不溢流	1)阀内部的孔堵塞 2)阀芯导向部分进入异物	清洗

（续）

常 见 故 障	原 因	排 除 方 法
压力虽没有超过设定值,但在二次侧却溢出空气	1)阀内进入异物 2)阀座损伤 3)调压弹簧损坏	1)清洗 2)更换阀座 3)更换调压弹簧
溢流时发生振动(主要发生在膜片式阀上,其启闭压差较小)	1)压力上升速度很慢,溢流阀放出流量多,引起阀振动 2)因从压力上升源到溢流阀之间被节流,阀前部压力上升慢而引起振动	1)在二次侧安装针阀,微调溢流量,使其与压力上升量匹配 2)增大压力上升源到溢流阀的管道直径
阀体和阀盖处漏气	1)膜片破裂(膜片式) 2)密封件损伤	1)更换膜片 2)更换密封件

表 6-5　方向阀常见故障及其原因与排除方法

常 见 故 障	原 因	排 除 方 法
不能换向	1)阀的滑动阻力大,润滑不良 2)O形密封圈变形 3)灰尘卡住滑动部分 4)弹簧损坏 5)阀操纵力小 6)活塞密封圈磨损 7)膜片破裂	1)进行润滑 2)更换密封圈 3)清除灰尘 4)更换弹簧 5)检查阀操纵部分 6)更换密封圈 7)更换膜片
阀产生振动	1)空气压力低(先导式) 2)电源电压低(电磁阀)	1)提高操纵压力,采用直动式 2)提高电源电压,使用低电压线圈
交流电磁铁有蜂鸣声	1)I形活动铁心密封不良 2)灰尘进入I型、T型铁心的滑动部分,使活动铁心不能密切接触 3)T形活动铁心的铆钉脱落,铁心叠层分开不能吸合 4)短路环损坏 5)电源电压低 6)外部导线拉得太紧	1)检查铁心接触和密封性,必要时更换铁心组件 2)清除灰尘 3)更换活动铁心 4)更换固定铁心 5)提高电源电压 6)引线应宽裕
电磁铁动作时间偏差大或有时不能动作	1)活动铁心锈蚀,不能移动;在湿度高的环境中使用气动元件时,由于密封不完善而向磁铁部分泄漏空气 2)电源电压低 3)灰尘等进入活动铁心的滑动部分,使运动状况恶化	1)铁心除锈,修理好对外部的密封,更换坏的密封件 2)提高电源电压或使用符合电压的线圈 3)清除灰尘
线圈烧毁	1)环境温度高 2)快速循环使用 3)因为吸引时电流大,单位时间耗电多,温度升高,使绝缘损坏而短路 4)灰尘夹在阀和铁心之间,不能吸引活动铁心 5)线圈上有残余电压	1)按产品规定温度范围使用 2)使用高级电磁阀 3)使用气动逻辑回路 4)清除灰尘 5)使用正常电源电压,使用符合电压的线圈
切断电源,活动铁心不能退回	灰尘夹入活动铁心滑动部分	清除灰尘

表 6-6 气缸常见故障及其原因与排除方法

常 见 故 障	原 因	排 除 方 法
外泄漏 1)活塞杆与密封衬套间漏气 2)气缸缸体与端盖间漏气 3)从缓冲装置的调节螺钉处漏气	1)衬套密封圈磨损,润滑油不足;活塞杆偏心 2)活塞杆有伤痕 3)活塞杆与密封衬套的配合面内有杂质;密封圈损坏	1)更换衬套密封圈,加强润滑;重新安装,使活塞杆不受偏心负荷 2)更换活塞杆 3)除去杂质、安装防尘盖;更换密封圈
内泄漏 活塞两端串气	1)活塞密封圈损坏 2)润滑不良,活塞被卡住;活塞配合面有缺陷,杂质挤入密封圈	1)更换活塞密封圈 2)重新安装,使活塞杆不受偏心负荷;缺陷严重者更换零件,除去杂质
输出力不足,动作不平稳	1)润滑不良 2)活塞或活塞杆卡住 3)气缸体内表面有锈蚀或缺陷 4)进入了冷凝水、杂质	1)调节或更换油雾器 2)检查安装情况,消除偏心 3)视缺陷大小再决定排除故障办法 4)加强对空气过滤器和分水排水器的管理,定期排放污水
缓冲效果不好	1)缓冲部分的密封圈密封性能差 2)调节螺钉损坏 3)气缸速度太快	1)更换密封圈 2)更换调节螺钉 3)分析缓冲机构的结构是否合适
损伤 1)活塞杆折断 2)端盖损坏	1)有偏心负荷 2)摆动气缸安装轴销的摆动面与负荷摆动面不一致;摆动轴销的摆动角过大,负荷很大,摆动速度又快,有冲击装置的冲击加到活塞杆上;活塞杆承受负荷的冲击;气缸的速度太快 3)缓冲机构不起作用	1)调整安装位置,消除偏心,使轴销摆角一致 2)确定合理的摆动速度;冲击不得加在活塞杆上,设置缓冲装置 3)在外部或回路中设置缓冲机构

表 6-7 空气过滤器常见故障及其原因与排除方法

常 见 故 障	原 因	排 除 方 法
压降过大	1)使用过细的滤芯 2)过滤器的流量范围太小 3)流量超过过滤器的容量 4)过滤器滤芯网眼堵塞	1)更换适当的滤芯 2)换流量范围大的过滤器 3)换大容量的过滤器 4)用净化液清洗(必要时更换)滤芯
从输出端溢出冷凝水	1)未及时排出冷凝水 2)自动排水器发生故障 3)超过过滤器的流量范围	1)养成定期排水习惯或安装自动排水器 2)修理(必要时更换) 3)在适当流量范围内使用或者更换容量大的过滤器
输出端出现异物	1)过滤器滤芯破坏 2)滤芯密封不严 3)用有机溶剂清洗塑料件	1)更换滤芯 2)更换滤芯的密封,紧固滤芯 3)用清洁的热水或煤油清洗

（续）

常见故障	原　因	排除方法
塑料水杯破损	1)在有有机溶剂的环境中使用 2)空气压缩机输出某种焦油 3)压缩机从空气中吸入对塑料有害的物质	1)使用不受有机溶剂侵蚀的材料(如使用金属杯) 2)更换空气压缩机的润滑油,使用无油压缩机 3)使用金属杯
漏气	1)密封不良 2)因物理(冲击)、化学原因使塑料杯产生裂痕 3)泄水阀,自动排水器失灵	1)更换密封圈 2)参看塑料杯破损栏 3)修理,必要时更换

表 6-8　油雾器常见故障及其原因与排除方法

常见故障	原　因	排除方法
油不能滴下	1)没有产生油滴下落所需的压差 2)油雾器方向安装错误 3)油道堵塞 4)油杯未加压	1)加上文氏管或换成小的油雾器 2)改变安装方向 3)拆卸,进行修理 4)因通往油杯的空气通道堵塞,需拆卸修理
油杯未加压	1)通往油杯的空气通道堵塞 2)油杯大、油雾器使用频繁	1)拆卸修理 2)加大通往油杯空气通孔或使用快速循环式油雾器
油滴数不能减少	油量调整螺钉失效	检修油量调整螺钉
空气向外泄漏	1)油杯破损 2)密封不良 3)观察玻璃破损	1)更换油杯 2)检修密封 3)更换观察玻璃
油杯破损	1)用有机溶剂清洗 2)周围存在有机溶剂	1)使用金属杯或耐有机溶剂杯 2)与有机溶剂隔离

名人轶事：王玉明——揣一颗燃烧的心创业

　　王玉明，吉林梨树人，1965年清华大学燃气轮机专业六年制本科毕业，中国工程院院士、清华大学机械工程系教授。从20世纪70年代初开始，王玉明始终在第一线从事以危险性气体透平机械的非接触式密封装置及测控系统的研发、应用及产业化工作，并做出了突出贡献。这类密封的研究开发涉及许多关键技术，是行业公认的重大难题，而且风险性极高。攻克重重难关，打破该领域外国公司对中国市场的垄断。

想一想

　　对于已经使用了一段时间的系统，如果压缩空气中凝结水的含量超过允许范围，将会对系统产生哪些影响？

技能实训 10　气压传动系统的故障分析与排除

1. 实训目的

1）学会气动系统故障的分析方法。

2）掌握气动系统常见故障的排除方法。

2. 实训设备及要求

1）气动实训台。

2）气动元件：双作用气缸 1 个、双电磁控制二位五通换向阀 1 个、气源处理装置 1 套、压缩空气预处理单元及软管和附件。

3）由实训指导教师设置气动系统故障。

3. 实训内容及步骤

完成由一个双电磁控制二位五通换向阀对一个双作用气缸伸出与缩回的控制，控制原理如图 6-3 所示，完成气动回路的连接。

双作用气缸不动作，试分析故障原因，并排除故障。可以参考下面说明进行。

1）查看气缸和电磁阀的漏气情况。若气缸漏气多，应查明气缸漏气的故障原因；若电磁阀排气口漏气多，

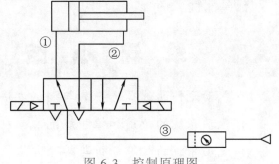

图 6-3　控制原理图

包括不应排气的排气口漏气，则应查明是气缸漏气还是电磁阀漏气。若漏气排除后，气缸动作正常，则故障的真实原因即是漏气。若漏气排除后，气缸动作仍不正常，则漏气不是故障的主要原因，应进一步诊断。

2）若气缸和电磁阀都不漏气或漏气很少，则应先判断电磁阀能否换向。可根据阀芯换向时的声音或电磁阀的换向指示灯来判断。若电磁阀不能换向，可使用试探反证法，操作电磁先导阀的手动按钮来判断是电磁先导阀故障还是主阀故障。若主阀能切换，即气缸能动作，则一定是电磁先导阀故障；若主阀仍不能切换，便是主阀故障。然后进一步查明电磁先导阀或主阀的故障原因。

3）若电磁阀能切换，但气缸不动作，则应查明有压输出口是否没有气压或气压不足。可使用试探反证法，若电磁阀换向时活塞杆不能伸出，可卸下图 6-3 中的连接管①。若电磁阀的输出口排气充分，则必为气缸故障。若排气不足或不

排气，可初步排除是气缸故障，进一步查明气路是否堵塞或供压不足。可检查减压阀上的压力表，看压力是否正常。若压力正常，再检查管路③各处有无严重泄漏或管道被扭曲、压扁等现象。若不存在上述问题，则一定是主阀阀芯被卡死。若查明是气路堵塞或供压不足，即减压阀无输出压力或输出压力太低，则进一步查明原因。

4）电磁阀输出压力正常，气缸却不动作，可使用部分停止法卸去气缸外负载。若气缸动作恢复正常，则应查明负载过大的原因。若气缸仍不动作或动作不正常，则可进一步查明是否摩擦力过大。

5）排除故障，并运行系统，使之正常工作。

4. 实训思考题

1）总结该回路出现故障的原因，你是如何排除故障的？

2）若双电磁控制二位五通换向阀有故障，导致气缸不能正常工作，分析其所有可能故障。

单 元 小 结

1）气动元件的选择、安装与调试方法。

2）气动系统的使用和维护规范。

3）气动系统的故障分析与排除方法。

思 考 与 练 习

1. 气缸在使用中应该注意哪些问题？

2. 各种控制阀在安装、使用中应该注意哪些问题？

3. 为了使气动系统能够长期稳定运行，应采取哪些定期维护措施？

4. 气动系统中若系统压力达不到设定压力，试分析查找故障原因。

单元7

液压动力装置

在液压传动系统中，液压动力装置的作用是将电动机（或其他原动机）输出的机械能转换为液体的压力能，从而为系统提供动力。液压泵是液压系统的主要动力装置，本单元主要学习几种典型的液压泵（齿轮式、叶片式和柱塞式）。

【学习目标】

➡掌握各种液压泵的工作原理（液压泵是如何吸油、压油和配流的）、主要性能参数及特点。

➡掌握液压泵的选用方法。

学习任务1　液压泵的工作原理

一、液压泵的基本工作原理及种类

1. 液压泵的工作原理及必备条件

图 7-1a 所示为液压泵的工作原理图，柱塞 2 靠弹簧 4 压紧在偏心轮 1 上，偏心轮 1 的转动使柱塞 2 做往复运动。柱塞 2 向右移动时，油腔 a（它是一个密封的工作腔）的容积由小变大，形成局部真空，大气压力迫使油箱中的油液通过吸油管顶开单向阀 6 进入油腔 a 中，这就是液压泵的吸油过程。当柱塞 2 向左移动时，油腔 a 的容积由大变小，迫使其中的油液顶开单向阀 5 流入系统，这就是液压泵的压油过程。偏心轮不断地旋转，液压泵就不断地吸油和压油。可见，液压泵是靠密封容积的变化来实现吸油和压油的，因此称为容积式液压泵。它的工作过程就是吸油和压油的过程。图 7-1b 所示为液压泵实物。

由上述可知，液压泵正常工作的必备条件是：

1）应具有一个或若干个能周期性变化的密封容积，如图7-1a中的油腔a。液压泵的输油量与密封腔的数目、密封容积变化的大小及速率成正比。

2）应有配流装置，以保证在吸油过程中密封容积与油箱相通，同时关闭供油通路；压油时，与供油管路相通而与油箱切断，即能将吸、压油腔隔开。图7-1a中单向阀5和6就是配流装置，它随着液压泵结构的不同可采用不同的形式。

3）吸油过程中，油箱必须与大气相通。

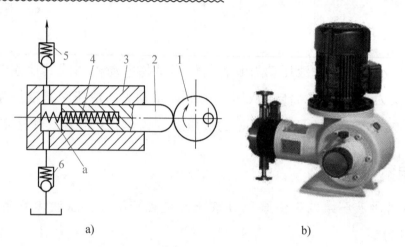

a)   b)

图7-1　液压泵

a）工作原理图　b）实物

1—偏心轮　2—柱塞　3—缸体　4—弹簧　5、6—单向阀

2. 液压泵的常见种类和图形符号

液压泵的种类很多，目前最常见的有齿轮泵、叶片泵及柱塞泵等。按液压泵的输油方向能否改变，可分为单向泵和双向泵；按其输出的流量能否调节，可分为定量泵和变量泵；按额定压力的高低，又可分为低压泵、中压泵和高压泵三类。液压泵的图形符号见附录。

（1）齿轮泵　齿轮泵是液压系统中常用的液压泵，按其结构不同分外啮合式和内啮合式两大类，其中外啮合式齿轮泵应用较为广泛，下面重点介绍。

1）外啮合式齿轮泵的工作原理。图7-2a所示为外啮合式齿轮泵的工作原理图。泵体内装有一对相同模数、齿数的齿轮，齿轮的两端面靠泵端盖（图中未画出）密封。泵体、端盖和齿轮的各齿槽组成了密封容积。这种泵无专门的配流装置，而是靠两齿轮沿齿宽方向的啮合线把密封容积分成吸油腔和压油腔两部分，并在吸油与压油过程中互不相通。当齿轮按图示箭头方向旋转时，右侧油腔由于轮齿逐渐脱开啮合，使密封容积逐渐增大而形成局部真空，油液在大气压作用下，从油箱经油管进入油腔，充满齿槽，并随着齿轮的旋转被带到左腔。而左边的油腔，由于轮齿逐渐进入啮合，使密封容积逐渐减小，齿槽中的油液受到挤压，从排油口排出。当齿轮不断旋转时，吸油腔不断吸油，压油腔不断排油。图 7-2b 所示为外啮合式齿轮泵实物。

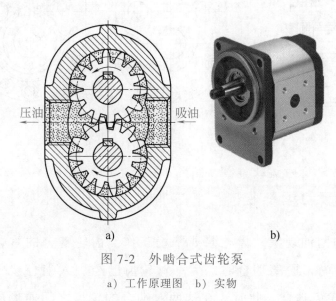

压油　　　　　　吸油

a)　　　　　　　　　　b)　　　　　　动画：齿轮泵

图 7-2　外啮合式齿轮泵　　　　工作原理

a）工作原理图　b）实物

2）齿轮泵的结构。CB-B 型齿轮泵的结构如图 7-3 所示，它是分离三片式结构，三片是指泵前端盖 6、后端盖 2 和泵体 5，三片由两个圆柱销 11 定位，用 6 个螺钉 7 固定。主动齿轮 4 用键 3 固定在传动轴 8 上，并由电动机带动旋转。为了使齿轮能灵活地转动，同时又要使泄漏量最小，在齿轮端面和泵盖之间应留有适当的间隙（轴向间隙），小流量泵轴向间隙为 $0.025 \sim 0.04$mm，大流量泵为 $0.04 \sim 0.06$mm。齿顶和泵体内表面的间隙为径向间隙，由于密封带长，同时齿顶线速度的方向和油液泄漏方向相反，故对此泄漏影响较小。但因吸、压油腔的压力不同，使得齿轮受到不平衡的径向力作用，传动轴会产生变形，为避免齿顶和泵体内壁相碰，故径向间隙应稍大些，一般取 $0.13 \sim 0.16$mm。泵的吸油口和压油口开在后端盖 2 上。大的为吸油口，小的为压油口，其目的是减小压力油的作用面积，从而减小齿轮泵的径向不平衡力。四个滚针轴承 1 分别装在前端盖 6 和后端盖 2 上，油液通过泵的轴向间隙润滑滚针轴承 1，然后经泄油道 9 流回吸油口。在泵体 5 的两端面上铣有卸荷槽 10，即与吸油口相通的沟槽（图 7-3 中 A—A 剖视图），其目的是防止油液泄漏到泵外，减少泵体与端盖接触面间的油压作用力，从而减小连接螺钉承受的拉力。

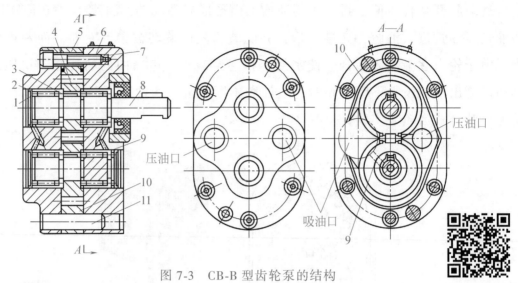

图 7-3　CB-B 型齿轮泵的结构

1—滚针轴承　2—后端盖　3—键　4—主动齿轮　5—泵体　6—前端盖
7—螺钉　8—传动轴　9—泄油道　10—卸荷槽　11—圆柱销

动画：齿轮泵
结构原理

3）齿轮泵的困油现象。齿轮泵要平稳工作，齿轮啮合的重叠系数必须大于1，即前一对轮齿尚未脱离啮合时，后一对轮齿已经进入啮合，故在某一段时间内，同时有两对轮齿啮合。此时，在这两对啮合的轮齿之间便形成了一个密闭的容积，称为困油区。如图 7-4a 所示，随着齿轮的旋转，困油区的容积将逐渐减小，达到两个啮合点 A、B 处于节点 C 两侧的对称位置（图 7-4b）时，密封容积减至最小。被困的油液受挤压，压力急剧升高，油液从一切可能泄漏的缝隙强行挤出，使齿轮和轴承负荷增大、功率消耗增加、油温升高；当齿轮继续旋转，这个密封容积又逐渐增大到图 7-4c 所示的最大位置，容积增大时又会造成局部真空，使油液汽化，气体析出，产生气穴现象，以上这种现象将会使齿轮泵产生振动和噪声，这就是齿轮泵的困油现象。

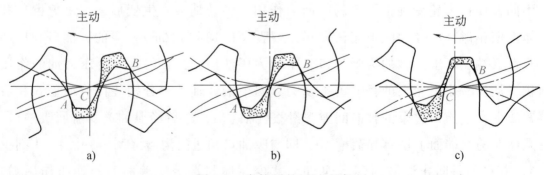

图 7-4　齿轮泵的困油现象

为了消除困油现象，通常在齿轮泵两端泵盖内侧面上铣出两个卸荷槽，目的是使困油区在容积缩小时，通过卸荷槽与压油腔相通，以便及时将被困油液排出；困油区容积增大时通过卸荷槽与吸油腔相通，以便及时补油。两槽之间的距离必须保证吸、压油腔互不相通，一般齿轮泵的两卸荷槽不是对称开设的，而是向吸油腔偏移一定距离。

4）齿轮泵的特点及用途。外啮合式齿轮泵结构简单，尺寸小，重量轻，制造方便，价格低廉，工作可靠，自吸能力强（允许的吸油真空度大），对油液污染不敏感，维护容易。但一些机件要承受不平衡的径向力，磨损严重，泄漏大，使得工作压力的提高受到限制；此外，它的流量脉动大，因而压力脉动和噪声都较大。外啮合式齿轮泵主要用于低压或对噪声污染要求不高的场合。

（2）叶片泵　叶片泵分双作用式和单作用式两大类，前者是定量泵，后者是变量泵。

1）定量叶片泵的工作原理。

① 双作用叶片泵。图7-5a所示为双作用叶片泵的工作原理图，它主要由定子1、转子2、叶片3、配流盘4、传动轴5和泵体6等组成。转子和定子同心安装。定子内表面由两段长径 R 圆弧、两段短径 r 圆弧和四段过渡曲线组成。转子旋转时，由于离心力和叶片根部油压的作用，使叶片顶部紧靠在定子内表面上，这样，每两个叶片之间、定子的内表面、转子的外表面及前后配流盘形成了一个个密封工作腔。当转子沿顺时针方向旋转时，密封工作腔的容积在左上角和右下角处逐渐增大，形成局部真空而吸油，为吸油区；在右上角和左下角处逐渐减小而压油，

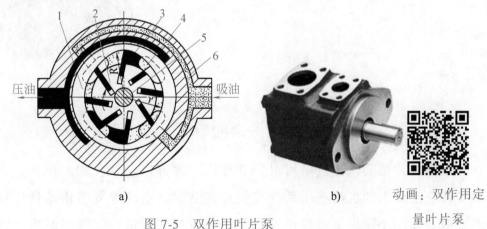

a)　　　　　　　　　　b)　　　动画：双作用定
量叶片泵

图7-5　双作用叶片泵

a）工作原理图　b）实物

1—定子　2—转子　3—叶片　4—配流盘　5—传动轴　6—泵体

为压油区。吸油区和压油区之间有一段封油区把它们隔开。这种泵的转子每转一周，每个密封工作腔完成吸、压油各两次，故称为双作用叶片泵。又因为泵的两个吸油区和压油区是径向对称的，使作用在转子上的径向液压力平衡，所以又称为卸荷式叶片泵。图 7-5b 所示为双作用叶片泵实物。

从图 7-5 可以看出，叶片在转子槽内没有采用径向安装，而是按转子转动方向向前倾斜一个角度（通常为 13°）。其目的是减小在压油区叶片与定子内表面接触时的压力角，从而减小摩擦力，有利于叶片在槽内的滑动。

② 双联叶片泵。双联叶片泵相当于由一大一小两个双作用叶片泵组合而成。双联叶片泵的结构如图 7-6a 所示，两套尺寸不同的定子、转子和配流盘等安装在一个泵体内，泵体有一个公共的吸油口和两个独立的压油口，两个转子由同一根轴传动工作。图 7-6b、c 所示分别为其图形符号与实物。

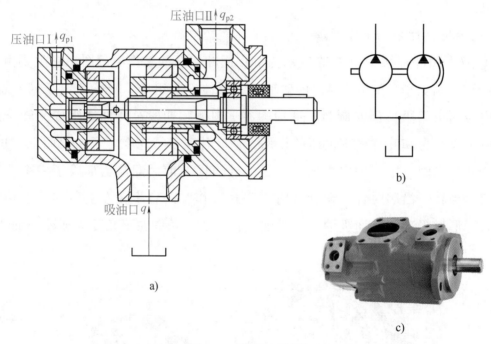

图 7-6　双联叶片泵
a）结构　b）图形符号　c）实物

双联叶片泵的输出流量可以分开使用，也可以合并使用。例如，有快速行程和工作进给要求的机床液压系统在快速轻载时，由两泵同时供给低压油；在重载低速时，高压小流量泵单独供油，低压大流量泵卸荷。这样可减少油液发热，降低功率损耗。双联叶片泵也可用于为两个独立油路供油的液压系统中。

2）变量叶片泵的工作原理。

① 单作用式叶片泵。单作用式叶片泵的工作原理图如图 7-7a 所示，它由转子1、定子 2、叶片 3、配流盘 4 和泵体 5 等组成。它与定量泵的区别是，定子的内孔是一个与转子偏心安装的圆环，两侧的配流盘上开有两个油窗，即一个吸油窗与一个压油窗。这样，转子每转一周，转子、定子、叶片和配流盘之间形成的密封容积只变化一次，完成一次吸油和压油，因此称为单作用式叶片泵。由于转子单向承受压油腔油压的作用，径向力不平衡，所以又称为非卸荷式叶片泵。这种泵的工作压力不宜过高，其最大特点是只要改变转子和定子的偏心距 e 和偏心方向，就可以改变输油量和输油方向，成为变量叶片泵。图 7-7b 所示为单作用式叶片泵实物。

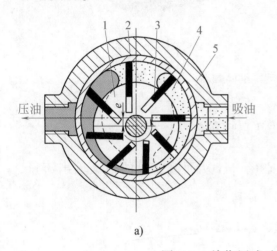

动画：变量叶片泵

图 7-7　单作用式叶片泵

a）工作原理图　b）实物

1—转子　2—定子　3—叶片　4—配流盘　5—泵体

② 限压式变量叶片泵。限压式变量叶片泵的流量改变是利用压力的反馈作用实现的，它有外反馈和内反馈两种形式。下面主要介绍外反馈限压式变量叶片泵。

图 7-8a 所示为外反馈限压式变量叶片泵的工作原理图，泵输出的工作压力 p 作用在定子左侧的柱塞 6 上，而定子右侧有一限压弹簧 3。当作用在柱塞上的力 pA（A 为柱塞的面积）不超过限压弹簧 3 的预紧力 F_S（$pA \leqslant F_S$）时，定子在限压弹簧 3 的作用下被推向左端，定子中心 O_2 和转子中心 O_1 之间有一初始偏心量 e_0。这时，泵的输出流量为最大，且基本上不变（图 7-9 所示为限压式变量叶片泵的特性曲线，其中曲线 AB 段稍有下降是泵的泄漏所引起的）。当泵的工作压力升高，作用于柱塞上的力超过限压弹簧 3 的预紧力（$pA > F_S$）时，限压弹簧被压缩，定子右移，偏心量减小，泵输出的流量也随之减小（曲线 BC 段）。当泵的压力达

到某一数值时，偏心量接近零（微小偏心量所排出的流量只够补偿内泄漏），泵的输出流量为零。此时，泵的压力 p_C 称为泵的极限工作压力。反馈力等于弹簧力 $F_S(pA = F_S)$ 时的压力，称为泵的限定工作压力，用 p_B 表示（$p_B = F_S/A$）。

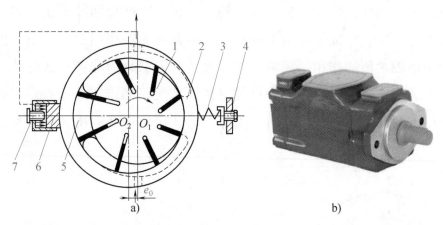

图 7-8　外反馈限压式变量叶片泵

a）工作原理图　b）实物

1—转子　2—定子　3—弹簧　4,7—螺钉　5—配流盘　6—柱塞

调节螺钉 7 可改变定子与转子的初始偏心量 e_0，从而改变泵的最大输出流量，使 AB 曲线（图 7-9）上下平移。通过调节图 7-8 中螺钉 4 可调节限压弹簧 3 的预紧力 F_S，从而改变泵的限定工作压力 p_B，使 BC 曲线左右平移。改变限压弹簧的刚度系数 k，可改变泵的极限工作压力 p_C，使 BC 曲线的斜率改变。图 7-8b 所示为外反馈限压式变量叶片泵实物。

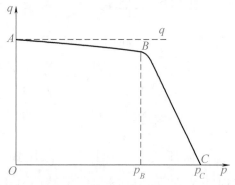

图 7-9　限压式变量叶片泵的特性曲线

限压式变量叶片泵适用于液压设备有快进、工进以及保压系统的场合。快进时，负载小、压力低、流量大，泵处于特性曲线 AB 段。工进时，负载大、压力高、速度慢、流量小，泵自动转换到特性曲线 BC 段某点工作。保压时，在近 p_C 点工作，提供小流量补偿系统泄漏。

3）叶片泵的特点及用途。与其他泵相比，叶片泵具有流量均匀、运转平稳、噪声小等优点，但结构比较复杂，自吸能力差，对油液污染比较敏感。叶片泵广泛应用于机床的液压系统和部分工程机械中。

例 7-1　图 7-8 所示限压式变量叶片泵的原特性曲线如图 7-10 中曲线 I 所示，若设备快进时所需泵的工作压力为 1MPa，流量为 30L/min；工进时泵的工作压力为 4MPa，所需的流量为 5L/min，试调整泵的 q-p 特性曲线，以满足工作需要。

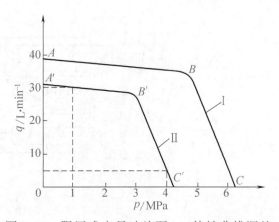

图 7-10　限压式变量叶片泵 q-p 特性曲线调整

分析：根据题意，若按泵的原始 q-p 特性曲线工作，快进时流量太大，工进时泵的出口工作压力太高，与设备工作要求不相适应，所以必须进行调整。调整方法如下：

1）调节螺钉 7，移动定子，以减小偏心量 e_0，使曲线 AB 段向下移至流量为 30L/min 处；

2）调节螺钉 4，减少弹簧预压缩量，使 BC 段左移到曲线 II 上工作，以满足设备工作需要。曲线 II 为调整后泵的工作特性曲线。

（3）柱塞泵　柱塞泵按柱塞排列方向的不同，分为径向柱塞泵和轴向柱塞泵两大类。由于径向柱塞泵径向尺寸大、结构复杂、自吸能力差，且受较大的径向不平衡力，易磨损，因而限制了压力和转速的提高，目前应用较少。这里着重介绍轴向柱塞泵。

1）轴向柱塞泵的工作原理。轴向柱塞泵的柱塞平行于缸体中心线，泵的工作原理如图 7-11a、b 所示，实物如图 7-11c 所示。它主要由缸体 7、配流盘 10、柱塞 5 和斜盘 1 等组成。斜盘 1 和配流盘 10 固定不动，斜盘法线与缸体轴线有交角 γ。缸体由轴 9 带动旋转，缸体上均布若干个轴向柱塞孔，孔内装有柱塞 5，内套筒 4 在中心弹簧 6 的作用下通过压板 3 使柱塞头部的滑履 2 紧靠在斜盘 1 上，同时外套筒 8 在弹簧 6 的作用下使缸体 7 与配流盘 10 紧密接触，起密封作用。在配流盘 10 上开有两个腰形通孔，为吸、压油窗口。当传动轴带动缸体按图示方向旋转时，在右半周内，柱塞逐渐向外伸出，柱塞与缸体孔内的密封容积逐渐增大，形成局部真空，通过配流盘的吸油窗口吸油；缸体在左半周旋转时，柱塞在斜盘 1 斜面作用下逐渐被压入柱塞孔内，密封容积逐渐减小，通过配流盘的压油窗口压油；缸体每转一周，每个柱塞往复运动一次，吸、压油各一次。改变斜盘倾角 γ 的大小，就能改变柱塞的行程长度 s，也就改变了泵的排量。改变斜盘倾角的方

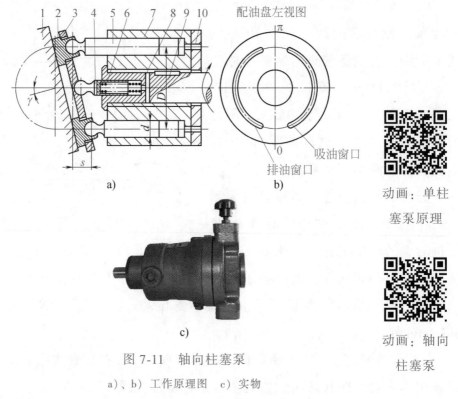

图 7-11　轴向柱塞泵

a)、b) 工作原理图　c) 实物

1—斜盘　2—滑履　3—压板　4—内套筒　5—柱塞　6—弹簧　7—缸体　8—外套筒　9—轴　10—配流盘

向，就能改变吸、压油的方向，所以称为双向变量轴向柱塞泵。

2) 柱塞泵的特点及用途。柱塞泵是靠柱塞在缸体内做往复运动，使密封容积发生变化而吸油和压油的。由于构成密封容积的柱塞和缸体均为圆柱表面，加工方便，可得到较高的配合精度，故密封性能好，容积效率高；同时，柱塞在工作时处于受压状态，能充分发挥材料的强度性能；另外，只要改变柱塞的工作行程就能改变流量。因此，与齿轮泵和叶片泵相比，柱塞泵具有工作压力高、结构紧凑、效率高、流量调节方便等优点，故广泛应用于需要高压、大流量、大功率的系统和流量需要调节的场合，如龙门刨床、拉床、液压机、工程机械、矿山冶金机械及船舶等。

二、液压泵的主要性能参数

1. 液压泵的压力

（1）工作压力 p　泵工作时输出油液的实际压力，其大小由工作负载决定。

（2）额定压力 p_n　泵在使用中允许达到的最高工作压力，超过此值就是过载，它受泵本身的泄漏和结构强度的限制。为了满足各种液压系统所需的不同压力，液压泵的压力分为几个等级，见表7-1。

表 7-1　压力分级

压力等级	低压	中压	中高压	高压	超高压
压力/MPa	≤2.5	>2.5~8	>8~16	>16~32	>32

2. 液压泵的排量和流量

（1）排量 V　不考虑泄漏情况下，泵每转一周所排出油液的体积，常用单位为 cm^3/r 或 mL/r。排量的大小取决于泵密封腔的几何尺寸。

（2）流量　泵在单位时间内排出油液的体积。

1）理论流量 q_t。泵在不计泄漏的情况下，单位时间内排出油液的体积。它等于排量 V 和转速 n 的乘积，即

$$q_t = Vn \tag{7-1}$$

2）实际流量 q。泵在实际工作压力下排出的流量。由于泵存在泄漏，所以泵的实际流量小于理论流量。

3）额定流量 q_n。泵在额定转速和额定压力下输出的流量。

3. 液压泵的功率和效率

（1）输入功率 P_i　驱动液压泵的电动机所需的功率。

（2）输出功率 P_o　泵的工作压力和实际输出流量的乘积，即

$$P_o = pq \tag{7-2}$$

式中　P_o——液压泵的输出功率（W）；

　　　　p——液压泵的工作压力（Pa）；

　　　　q——液压泵的实际输出流量（m^3/s）。

（3）容积效率 η_V　由于泵在工作中因泄漏造成了流量损失 Δq，使它输出的实际流量 q 总小于理论流量 q_t，即 $q = q_t - \Delta q$。液压泵的容积效率为实际输出流量与理论流量的比值，则

$$\eta_V = \frac{q}{q_t} = \frac{q}{Vn} \tag{7-3}$$

（4）机械效率 η_m　由于泵在工作中存在机械损耗和液体黏性引起的摩擦损失，因此，泵的实际输入转矩 T_i 必然大于泵所需理论转矩 T_t，则

$$\eta_m = \frac{T_t}{T_i} \tag{7-4}$$

（5）总效率 η 液压泵的总效率为泵的输出功率 P_o 与输入功率 P_i 之比，即

$$\eta = \frac{P_o}{P_i} \tag{7-5}$$

它也等于泵的容积效率 η_V 与机械效率 η_m 的乘积，即 $\eta = \eta_V \eta_m$。

例 7-2 某液压泵铭牌上标有转速 $n = 1450r/min$，额定流量 $q_n = 60L/min$，额定压力 $p_n = 80 \times 10^5 Pa$，泵的总效率 $\eta = 0.8$，试求：

1）该泵应选配的电动机功率。

2）若该泵使用在特定的液压系统中，该系统要求泵的工作压力 $p = 40 \times 10^5 Pa$，该泵应选配的电动机功率。

解：驱动液压泵的电动机功率应按照液压泵的使用场合进行计算。当不明确液压泵在什么场合下使用时，可按铭牌上的额定压力、额定流量进行功率计算；当泵的使用压力已经确定时，则应按其实际使用压力进行功率计算。

1）因为不知道泵的实际使用压力，故选取额定压力进行功率计算：

$$P = \frac{p_n q_n}{\eta} = \frac{80 \times 10^5 \times 60 \times 10^{-3}}{0.8 \times 60} W = 10 \times 10^3 W = 10kW$$

2）因为泵的实际工作压力已经确定，故选取实际使用压力进行功率计算：

$$P = \frac{p q_n}{\eta} = \frac{40 \times 10^5 \times 60 \times 10^{-3}}{0.8 \times 60} W = 5 \times 10^3 W = 5kW$$

学习任务 2 液压泵的选用

在液压系统中，应根据液压设备的工作压力、流量、工作性能、工作环境等合理选用泵的类型和规格。同时，应考虑功率的合理利用、系统的发热及经济性等问题。

液压泵的选用可参考以下原则：

1）轻载小功率的液压设备，可选用齿轮泵、双作用叶片泵。

2）精度较高的机械设备（磨床），可用双作用叶片泵、螺杆泵。

3）负载较大并有快、慢速进给的机械设备（组合机床），可选用限压式变量叶片泵、双联叶片泵。

4）负载大、功率大的设备（刨床、拉床、压力机），可用柱塞泵。

5）机械设备的辅助装置，如送料、夹紧等不重要场合，可选用价格低廉的齿

轮泵。各类液压泵的性能及应用参见表7-2。

表 7-2　各类液压泵的性能及应用

性能	外啮合式齿轮泵	双作用叶片泵	限压式变量叶片泵	轴向柱塞泵	径向柱塞泵	螺杆泵
工作压力/MPa	<20	6.3~21	≤7	20~35	10~20	<10
转速范围/r·min^{-1}	300~7000	500~4000	500~2000	600~6000	700~1800	1000~18000
容积效率	0.70~0.95	0.80~0.95	0.80~0.90	0.90~0.98	0.85~0.95	0.75~0.95
总效率	0.60~0.85	0.75~0.85	0.70~0.85	0.85~0.95	0.75~0.92	0.70~0.85
功率质量比	中等	中等	小	大	小	中等
流量脉动率	大	小	中等	中等	中等	很小
自吸特性	好	较差	较差	较差	差	好
对油的污染敏感性	不敏感	敏感	敏感	敏感	敏感	不敏感
噪声	大	小	较大	大	大	很小
寿命	较短	较长	较短	长	长	很长
单位功率造价	最低	中等	较高	高	高	较高
应用范围	机床、工程机械、农机、航空设备、船舶、一般机械	机床、注塑机、液压机、起重运输机械、工程机械、飞机	机床、注塑机	工程机械、锻压机械、起重机械、矿山机械、冶金机械、船舶、飞机	机床、液压机、船舶机械	精密机床、精密机械、食品、化工、石油、纺织等机械

想一想

1）如果油箱完全封闭而不与大气相通，液压泵是否还能工作？为什么？

2）已知图7-12中的负载 F 及阻尼孔尺寸不变，当液压泵的转速增高时，分别说明液压泵出口压力将如何变化，为什么？

3）限压式变量叶片泵能当定量泵使用吗？若能，应如何调整？

4）双作用式叶片泵的叶片为什么不是径向安装的，而要倾斜一个角度？

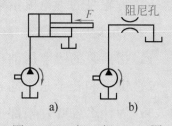

图7-12　"想一想"2）图

技能实训 11　液压泵拆装

1. 实训目的

1）通过对液压泵的拆装，分析、了解其结构组成和特点，以培养学生分析问题和解决问题的能力。

2）加深对液压泵的工作原理和特性的理解。

2．实训要求和方法

1）本实训采用教师重点讲解，学生自己动手拆装为主的方法。学生以小组为单位，边拆装边讨论分析结构原理及特点。

2）拆装时注意不要散失小的零件，实训完要把每个液压泵装好。

3）每次实训后，由指导教师指定思考题作为本次实训的报告内容。

3．实训内容

1）拆装齿轮泵。

2）拆装定量叶片泵。

3）拆装限压式变量叶片泵。

4）拆装柱塞泵。

4．实训思考题

（1）齿轮泵

1）CB-B 型齿轮泵可以反转吗？为什么？

2）进、出油口孔径是否相等？为什么？

3）说明齿轮泵是如何将吸油腔和压油腔隔开的。

4）在齿轮泵泵体两侧的端面上开有卸荷槽，其作用是什么？

5）说明外啮合式齿轮泵可能产生内泄漏的部位。

6）齿轮泵的理论流量取决于什么？它与铭牌上的流量有什么关系？

（2）定量叶片泵

1）指出泵的吸、压油口位置，并说明密封工作腔是如何形成的。

2）定子和转子是否同心？

3）为什么各叶片根部要通压力油？压力油是如何通入的？

4）为什么在前、后配流盘上都要开配流窗口？

5）转子每转一周，每个密封腔完成几次吸油和压油？

6）叶片泵的转向是否有要求？若有，试判断其正确转向。

7）叶片泵为什么要向转动方向前倾一个角度安装？

8）定子曲线上的易磨损区是在吸油区还是在压油区？

（3）限压式变量叶片泵

1）与双作用叶片泵在结构上的主要差别是什么？

2）滑块上部的滚针轴承起什么作用？

3）叶片为什么要卸荷？为什么要后倾安装？

4）限定压力和最大流量怎样调节？

（4）柱塞泵

1）柱塞泵为什么具有自吸能力？

2）柱塞数为什么是奇数？

3）配流盘上各通孔和不通孔的作用是什么？

4）定心弹簧的作用是什么？

5）CY14-1B型柱塞泵可以反转供油吗？

单 元 小 结

1）液压泵工作必备的三个条件：

① 具有一个或若干个能周期性变化的密封容积。

② 有配流装置，即能将吸、压油腔隔开。

③ 油箱必须与大气相通。

2）泵的排量取决于密封腔的几何尺寸，与转速无关。

3）泵的工作压力随外负载变化，额定压力是泵在连续运转时允许达到的最大工作压力。

4）齿轮式、叶片式和柱塞式三类泵的密封容积的构成、容积变化方式和配流方式各有其特点，三种泵的应用范围各不相同。

5）要注意液压泵和液压马达的容积效率、转矩、理论流量、实际流量之间的区别。

6）限压式变量叶片泵的性能，限定工作压力和流量的调节。

7）驱动液压泵的电动机功率等于泵的实际输出流量与工作压力的乘积再除以泵的总效率，即 $P=\dfrac{pq}{\eta}$。

思 考 与 练 习

1. 填空题

1）液压泵正常工作的条件是_____，

_____，_____。

2）液压泵的容积效率以式 $\eta_V=$_____表示。

3) 限压式变量叶片泵的流量改变是靠＿＿＿＿＿＿＿＿＿＿＿＿＿＿＿实现的。

4) 液压泵的额定流量是指其在＿＿＿＿＿转速和＿＿＿＿＿压力下的输出流量。

2. 选择题

1) 液压系统中的压力大小取决于（　　）。

A. 液压泵额定压力　B. 负载　C. 溢流阀的调定压力

2) 液压系统的功率大小与系统的（　　）大小有关。

A. 压力和面积　B. 压力和流量

3) 变量叶片泵的限定压力是指（　　）。

A. 泵在流量不变时达到的工作压力

B. 泵在最大流量保持不变时达到的最高工作压力

C. 泵在输出流量近似为零时的工作压力

4) 高压系统宜采用（　　）。

A. 齿轮泵　B. 叶片泵　C. 柱塞泵

3. 什么是液压泵的工作压力、最高工作压力和额定压力？三者有何关系？

4. 液压泵装于系统中之后，它的工作压力是否就是铭牌上的压力？为什么？

5. 为什么说液压泵的工作压力取决于负载？

6. 液压泵的排量和流量各取决于什么参数？流量的理论值与实际值有何区别？

7. 液压传动中常见的液压泵分为哪几种类型？

8. 柱塞式液压泵有哪些特点？适用于什么场合？

9. 某液压系统中液压泵的输出工作压力 $p = 20\text{MPa}$，实际输出流量 $q = 60\text{L/min}$，容积效率 $\eta_V = 0.9$，机械效率 $\eta_m = 0.9$。试求驱动液压泵的电动机功率。

10. 某液压系统中液压泵的输出工作压力 $p = 10\text{MPa}$，转速 $n = 1450\text{r/min}$，排量 $V = 200\text{mL/r}$，容积效率 $\eta_V = 0.95$，总效率 $\eta = 0.9$。试求驱动液压泵的电动机功率及液压泵的输出功率。

单元8

液压执行元件

液压执行元件的功用是将液压系统中的压力能转换为机械能，以驱动外部工作部件。常用的液压执行元件有液压缸和液压马达，它们的区别是：液压缸将压力能转换成直线运动（或往复摆动）的机械能，而液压马达则是将压力能转换成旋转运动的机械能。

【学习目标】

➡ 了解液压缸的主要类型、工作原理、特点及典型结构。

➡ 掌握液压缸基本参数的计算方法。

➡ 了解液压马达的主要类型、工作原理和结构特点。

➡ 掌握液压马达基本参数的计算方法。

学习任务1　液压缸

一、液压缸的类型及特点

液压缸按结构的不同可分为活塞缸、柱塞缸和摆动缸三类；按其作用方式的不同，可分为单作用式和双作用式两种。单作用式液压缸的活塞（或柱塞）只能单方向运动，反方向运动必须靠外力（如弹簧力或自重等）实现；双作用式液压缸的活塞可实现两个方向的运动。

1. 活塞缸

（1）双杆活塞缸　图8-1a、b所示分别为双杆活塞缸的图形符号与实物，被活塞隔开的液压缸两腔中都有活塞杆伸出，且两活塞杆直径相等。当输入两腔的

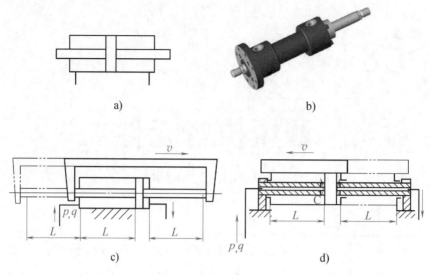

图 8-1　双杆活塞缸

a）图形符号　b）实物　c）缸体固定式液压缸　d）活塞杆固定式液压缸

液压油流量相等时，活塞的往复运动速度和推力相等。因此，这种缸常用于要求往复运动速度和负载相同的场合，如各种磨床。

图 8-1c 所示为缸体固定式液压缸，当缸的左腔进油，右腔回油时，活塞带动工作台向右移动；反之，当右腔进油，左腔回油时，活塞带动工作台向左移动。由图可见，工作台的运动范围约为活塞有效行程 L 的三倍，占地面积较大，常用于小型设备的液压系统中。

图 8-1d 所示为活塞杆固定式液压缸，当压力油经空心活塞杆的中心孔及活塞处的径向孔 C 进入缸的左腔，右腔回油时，液压油推动缸体带动工作台向左移动；反之，当右腔进压力油，左腔回油时，液压油推动缸体带动工作台向右移动。由图可见，工作台的运动范围约为缸筒有效行程 L 的两倍，占地面积较小，常用于大、中型设备的液压系统中。

（2）单杆活塞缸　仅一端有活塞杆的液压缸。图 8-2a 所示为单杆活塞缸的图形符号，这种液压缸无论是缸体固定还是活塞杆固定，工作台的运动范围都等于有效行程 L 的两倍，故结构紧凑，应用广泛。其实物如图 8-2b 所示。

1）单杆活塞缸的特点。由

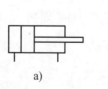

图 8-2　单杆活塞缸

a）图形符号　b）实物

动画：双作用单杆活塞缸

于仅一侧有活塞杆，所以两腔的有效工作面积不同，当分别向两腔供油，且供油压力和流量相同时，活塞（或缸体）在两个方向产生的推力和运动速度不相等。

当无杆腔进油，有杆腔回油时（图8-3a），活塞推力 F_1 和运动速度 v_1 分别为

$$F_1 = p_1 A_1 - p_2 A_2 = \frac{\pi}{4} \left[(p_1 - p_2) D^2 + p_2 d^2 \right] \tag{8-1}$$

$$v_1 = \frac{q}{A_1} = \frac{4q}{\pi D^2} \tag{8-2}$$

当有杆腔进油，无杆腔回油时（图8-3b），活塞推力 F_2 和运动速度 v_2 分别为

$$F_2 = p_1 A_2 - p_2 A_1 = \frac{\pi}{4} \left[(p_1 - p_2) D^2 - p_1 d^2 \right] \tag{8-3}$$

$$v_2 = \frac{q}{A_2} = \frac{4q}{\pi (D^2 - d^2)} \tag{8-4}$$

式中　A_1——缸的无杆腔有效工作面积；

　　　A_2——缸的有杆腔有效工作面积；

　　　D——活塞的直径；

　　　d——活塞杆的直径；

　　　p_1——进油腔的压力；

　　　p_2——回油腔的压力；

　　　q——输入液压缸的流量。

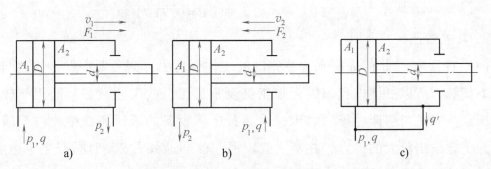

图8-3　单杆活塞缸的工作原理图

a) 有杆腔回油　b) 无杆腔回油　c) 差动连接

比较式（8-2）与式（8-4）、式（8-1）与式（8-3）可知，$v_1 < v_2$，$F_1 > F_2$，即无杆腔进压力油工作时，推力大，速度低；有杆腔进压力油工作时，推力小，速度高。因此，单杆活塞缸常用于一个方向有较大负载，但运行速度较低，另一个方向为空载、快速退回运动的设备，如各种金属切削机床、压力机、注塑机和起

重机。

2）液压缸差动连接。如图 8-3c 所示，单杆活塞缸在其左、右两腔互相接通并同时输入压力油时，称为差动连接。这时，缸两腔的压力相同，由于无杆腔有效作用面积大于有杆腔有效作用面积，故液压力对活塞向右的推力大于向左的推力，使其向右移动；同时使右腔排出油液的流量 q' 也进入左腔，加大了流进左腔油液的流量（$q+q'$），从而也就加快了活塞的移动速度。这时活塞的推力 F_3 和运动速度 v_3 分别为

$$F_3 = p_1(A_1 - A_2) = p_1 \frac{\pi}{4}d^2 \tag{8-5}$$

$$v_3 = \frac{q+q'}{A_1} = \frac{q+\dfrac{\pi}{4}(D^2-d^2)v_3}{\dfrac{\pi}{4}D^2}$$

即

$$v_3 = \frac{4q}{\pi d^2} \tag{8-6}$$

将 F_3 和 v_3 分别与非差动连接时的 F_1 和 v_1 相比较可以看出，它的运动速度提高了，而液压推力减小了。因此，单杆活塞缸还常用于需要实现"快进（差动连接）→工进（无杆腔进油）→快退（有杆腔进油）"工作循环的组合机床等设备的液压系统中。这时，通常要求快进和快退的速度相等，即 $v_3 = v_2$，则

$$A_1 = 2A_2, \quad D = \sqrt{2}d \quad （或 \ d = 0.71D）$$

2. 其他液压缸

（1）柱塞缸　图 8-4a 所示为柱塞缸的工作原理图，其主要特点是柱塞与缸体内壁不接触，所以缸体内孔只需粗加工甚至不加工，故工艺性好，适用于较长行程液压缸，如龙门刨床、导轨磨床、大型拉床等设备的液压系统中。柱塞端面受压，为了能输出较大的推力，柱塞一般较粗、较重。水平安装时易产生单边磨损，故柱塞缸适于垂直安装使用。当其水平安装时，为了防止柱塞因自重而下垂，常制成空心柱塞并设置各种不同的辅助支承。柱塞缸是单作用液压缸，即靠液压力只能实现一个方向的运动，回程要靠自重（垂直安装时）或其他外力（如弹簧力）来实现。图 8-4b、c 所示分别为其图形符号与实物。为了实现双向运动，柱塞缸常成对使用，如图 8-4d 所示。

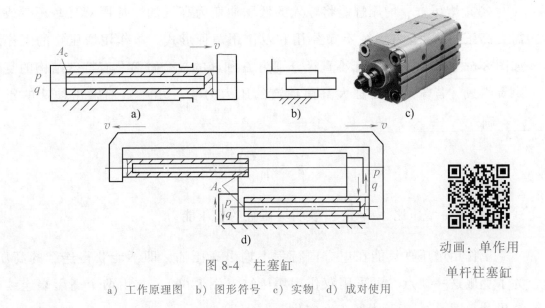

动画：单作用
单杆柱塞缸

图 8-4 柱塞缸

a) 工作原理图 b) 图形符号 c) 实物 d) 成对使用

（2）摆动缸 摆动缸是一种输出转矩并实现往复摆动的液压执行元件，又称摆动液压马达。常用的摆动缸有单叶片式和双叶片式两种结构形式，分别如图 8-5a、b 所示。它由叶片轴 1、缸体 2、定子块 3 和叶片 4 等零件组成。定子块固定在缸体上，叶片和叶片轴（转子）连接在一起，当油口 A、B 交替输入压力油时，叶片带动叶片轴做往复摆动，输出转矩和角速度。单叶片式摆动缸输出轴的摆角小于 310°。双叶片式摆动缸输出轴的摆角小于 150°，但输出转矩是单叶片式摆动缸的两倍。图 8-5c、d 所示分别为其图形符号与实物。

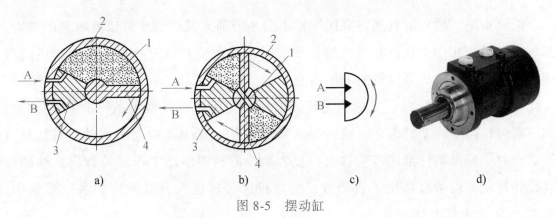

图 8-5 摆动缸

a) 单叶片式 b) 双叶片式 c) 图形符号 d) 实物

1—叶片轴 2—缸体 3—定子块 4—叶片

摆动缸结构紧凑、输出转矩大，但密封性较差，一般用于机床的夹紧装置、送料装置、转位装置、周期性进给机构等中低压系统以及工程机械。

（3）增压缸 增压缸能将输入的低压油变为高压油，常用于某些短时或局部需要高压油的系统中。它有单作用和双作用两种形式。单作用增压缸的工作原理如图8-6a所示，它由大、小直径分别为 D 和 d 的复合缸筒及有特殊结构的复合活塞等组成，若输入增压缸大缸筒油液的压力为 p_1，由小缸筒输出油液的压力为 p_2，则

$$p_2 = p_1 \left(\frac{D}{d}\right)^2 = Kp_1 \tag{8-7}$$

式中 K——增压比，$K = \dfrac{D^2}{d^2}$，表明增压缸的增压能力。

单作用增压缸只能在单方向行程中输出高压油，即不能获得连续的高压油，为了克服这一缺点，可采用双作用增压缸（图8-6b），它由两个高压端连续向系统供油。图8-6c所示为增压缸实物。

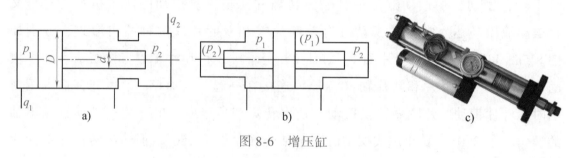

图8-6 增压缸

a）单作用增压缸 b）双作用增压缸 c）实物

应该指出，增压缸只能将高压端输出的油液通入其他液压缸以获取大的推力，其本身不能直接作为执行元件，所以安装时应尽量使它靠近执行元件。增压缸常用于压铸机、造型机等设备的液压系统中。

（4）齿条缸 齿条缸又称为无杆式液压缸，由带有一根齿条杆的双活塞缸1和一套齿轮齿条传动机构2组成，如图8-7a所示。压力油推动活塞做左右往复直线运动时，经齿条杆推动齿轮轴做往复转动，齿轮便驱动工作部件做周期性的往复旋转运动。齿条缸多用于自动线、组合机床等转位或分度机构的液压系统中。图8-7b所示为其实物。

二、液压缸的结构组成

1. 液压缸的典型结构

图8-8a所示为双作用单杆活塞式液压缸的结构，它主要由缸底1、缸筒6、

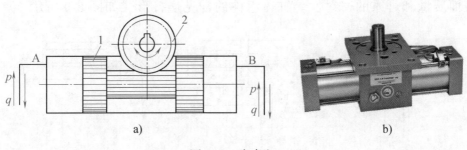

图 8-7　齿条缸

a）工作原理图　b）实物

1—双活塞缸　2—齿轮齿条传动机构

缸盖 10、活塞 4、活塞杆 7 和导向套 8 等组成。缸筒一端与缸体焊接在一起，另一端与缸盖通过螺纹连接；活塞与活塞杆通过半环连接。为了保证液压缸的可靠密封，在相应部位设置了密封圈 3、5、9、11 和防尘圈 12。图 8-8b 所示为其实物。

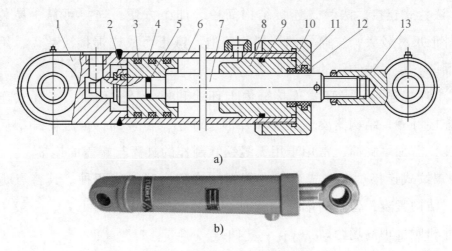

图 8-8　双作用单杆活塞缸

a）结构　b）实物

1—缸底　2—半环　3、5、9、11—密封圈　4—活塞　6—缸筒

7—活塞杆　8—导向套　10—缸盖　12—防尘圈　13—耳轴

2. 液压缸的组成

从上述液压缸的典型结构中可以看到，液压缸的结构基本上可以分为缸体组件、活塞组件、密封装置、缓冲装置和排气装置五个部分。

（1）缸体组件　缸体组件包括缸筒，前、后缸盖和导向套等。它与活塞组件构成密封的油腔，承受很大的液压力，因此缸体组件要有足够的强度和刚度，较高的表面质量和可靠的密封性。缸体组件的常见连接形式如图 8-9 所示。

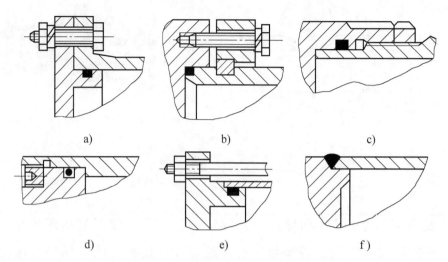

图 8-9　缸体组件的常见连接形式

a）法兰式　b）卡环式　c）外螺纹式　d）内螺纹式　e）拉杆式　f）焊接式

1）法兰式连接。法兰式连接结构简单、加工方便、连接可靠、易装卸，但质量和外形尺寸较大，缸筒端部一般为铸造、镦粗而成或焊接法兰盘，用螺钉与端盖紧固。它是一种常用的连接形式。

2）卡环式连接。卡环式连接分内卡式和外卡环式两种。卡环式连接工艺性好、连接可靠、结构紧凑、质量和外形尺寸小、易装卸，但缸筒开槽后削弱了缸壁强度，需加厚缸筒，常用于用无缝钢管制作的缸筒与端盖的连接。

3）螺纹式连接。螺纹式连接有外螺纹式和内螺纹式两种。其特点是体积和质量小、结构紧凑，但缸筒端部结构复杂，装卸时需用专门工具。一般用于要求外形尺寸和质量小的场合。

4）拉杆式连接。拉杆式连接是指前、后端盖装在缸筒两头，用四根拉杆（螺栓）将其紧固。其特点是结构简单、工艺性好、零件通用性好，但径向尺寸和质量较大，拉杆受力后变长，影响密封效果，只适用于长度短的中、低压液压缸。

5）焊接式连接。焊接式连接的结构简单、尺寸小，但缸筒焊接时易产生变形，缸底内径不易加工。焊接式连接只能用于缸筒的一端，另一端必须采用其他结构。

（2）活塞组件　活塞组件由活塞、活塞杆和连接件等组成。活塞在缸筒内受油压作用实现往复直线运动，必须具有良好的耐磨性和一定的强度，一般用耐磨铸铁制造，有整体式和组合式两种。活塞杆是连接活塞和工作部件的传力零件，必须有足够的强度和刚度，通常都用钢制造。其外圆表面应耐磨并有防锈能力，有时需镀铬。活塞杆头部有耳环式、球头式和螺纹式等几种。

活塞和活塞杆的连接形式如图 8-10 所示，整体式连接（图 8-10a）和焊接式连接（图 8-10b）的结构简单、轴向尺寸小，但损坏后需整体更换，常用于小直径液压缸。锥销式连接（图 8-10c）易加工、装配简单，但承载能力小，且需有防止锥销脱落的措施，适用于轻载液压缸。螺纹式连接（图 8-10d）结构简单、装拆方便，一般需备有螺纹防松装置，由于加工螺纹削弱了活塞杆的强度，因此不适用于高压系统。卡环式连接（图 8-10e）强度高、结构复杂、装卸方便，用于高压和振动较大的液压缸。

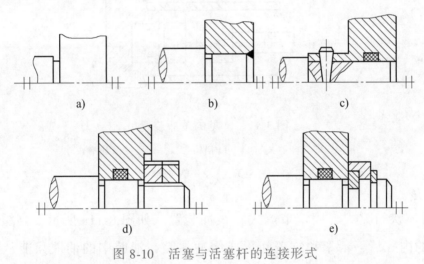

图 8-10　活塞与活塞杆的连接形式

a）整体式　b）焊接式　c）锥销式　d）螺纹式　e）卡环式

（3）密封装置　液压缸在工作时，缸内压力较缸外压力（大气压力）大，一般进油腔压力较回油腔压力大得多，因此在配合表面间将会产生泄漏。泄漏将直接影响系统的工作压力，甚至使整个系统无法工作，外泄漏还会污染设备和环境，造成油液的浪费。因此，必须合理地设置密封装置，防止和减少油液的泄漏及空气和外界污染物的侵入。

根据密封的两个配合表面之间是否有相对运动，将密封分为动密封和静密封两大类。根据密封原理，密封又分为非接触式密封和接触式密封。常见的密封方法有间隙密封及用"O"形、"Y"形、"V"形和组合式密封圈密封。密封件的结构及选用方法见单元9。

（4）缓冲装置 为了避免活塞在行程两端与缸盖发生机械碰撞，产生冲击和噪声，影响设备工作精度，以致损坏零件，常在大型、高速或高精度液压设备中设置缓冲装置。当活塞与缸盖接近时，利用节流阻尼作用使回油腔产生一定的缓冲压力（回油阻力），活塞运动受阻而速度逐渐减慢，活塞受到制动，避免活塞与缸盖相撞，达到缓冲目的。常见的缓冲装置如图8-11所示。

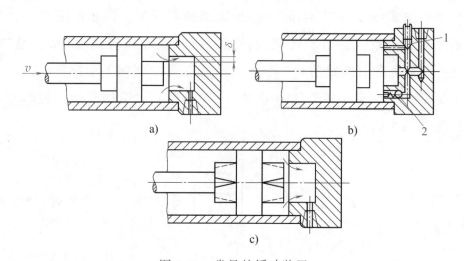

图 8-11 常见的缓冲装置

a）圆环状间隙式 b）可调节流式 c）可变节流槽式

1—节流阀 2—单向阀

1）圆环状间隙式（固定节流式）缓冲装置。如图8-11a所示，当缓冲柱塞进入缸盖上的内孔后，活塞和缸盖间形成缓冲油腔，油腔中的油液只能从环形间隙 δ 排出（回油），产生缓冲压力，从而实现减速制动，在缓冲过程中，由于通流截面面积不变，因此随着活塞运动速度的降低，其缓冲作用逐渐减弱，缓冲效果较差（若采用圆锥形缓冲柱塞，可克服此缺点），因其结构简单、便于制造，成品液压缸多采用这种装置。

2）可调节流式缓冲装置。如图8-11b所示，当缓冲柱塞进入缸盖上的内孔后，油腔内的油液必须经过节流阀1才能排出，调节节流阀的开度大小可控制缓冲压力的大小，以适应液压缸不同负载和速度工况对缓冲的要求，但仍不能解决速度降低后缓冲作用减弱的缺点。元件2为用于反向起动的单向阀。

3）可变节流槽式缓冲装置。在缓冲柱塞上开有由浅入深的三角节流槽，其通流截面面积随着缓冲行程的增大而逐渐减小，缓冲压力变化平缓，克服了在行程最后阶段缓冲作用减弱的问题，如图8-11c所示。

（5）排气装置　液压系统混入空气后会使其工作不稳定，产生振动、噪声、爬行和起动时突然前冲等现象，严重时会使液压系统不能正常工作。为此，液压缸需设置排气装置。

对于要求不高的液压系统，往往不设专门的排气装置，而是将缸的进、出油口设置在缸筒两端的最高处，将缸内的空气带回油箱，再从油箱中逸出。对于速度稳定性要求较高的液压缸和大型液压缸，常在液压缸的最高部位设置专门的排气装置。常用的排气装置有两种形式：图 8-12a 所示为在液压缸的最高部位开排气孔，用长管道通向远处的排气阀排气，机床上大多采用这种形式；图 8-12b、c 所示为在缸盖的最高部位直接安装排气塞。两种排气装置都是在液压系统正式工作前打开，让液压缸全行程空载往复运动数次排气，排气完毕后关闭，液压缸便可正常工作。

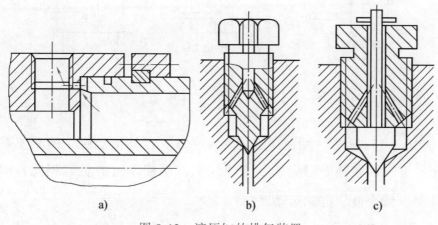

a)　　　　　　b)　　　　　　c)

图 8-12　液压缸的排气装置

例 8-1　图 8-13 所示为差动连接液压缸，无杆腔有效作用面积 $A_1 = 40 \text{cm}^2$，有杆腔有效作用面积 $A_2 = 20 \text{cm}^2$，输入油液流量 $q = 0.42 \times 10^{-3} \text{m}^3/\text{s}$，压力 $p = 0.1 \text{MPa}$，问：活塞向哪个方向运动？运动速度是多少？能克服多大的工作阻力？

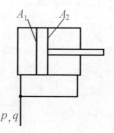

图 8-13　差动连接液压缸

解：因为液压缸为差动连接，所以液压缸两腔的压力相等，均为 $p = 0.1 \text{MPa}$。

活塞向右的推力：

$$F_1 = pA_1 = 0.1 \times 10^6 \times 40 \times 10^{-4} \text{N} = 400 \text{N}$$

活塞向左的推力：

$$F_2 = pA_2 = 0.1 \times 10^6 \times 20 \times 10^{-4} \text{N} = 200 \text{N}$$

由于 $F_1 > F_2$，故活塞向右运动。

活塞向右运动时能克服的最大阻力为

$$F = F_1 - F_2 = (400 - 200)\,N = 200\,N$$

活塞向右运动的速度为

$$v = \frac{q}{A_1 - A_2} = \frac{0.42 \times 10^{-3}\,m^3/s}{(40 - 20) \times 10^{-4}\,m^2} = 0.21\,m/s$$

想一想

1）图 8-14 所示为单杆液压缸的三种连接状态，若活塞的截面积为 A_1，活塞杆的截面积为 A_2，当前两种状态负载相同，后一种状态负载为零时，不计摩擦力的影响，试比较三种状态下液压缸左腔压力的大小。

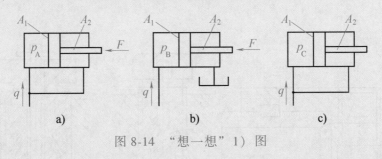

图 8-14 "想一想" 1）图

2）如图 8-15a 所示，两液压缸 Ⅰ、Ⅱ 并联，已知液压缸 Ⅰ 的活塞截面积为 A_1，液压缸 Ⅱ 的活塞截面积为 A_2，且 $A_1 < A_2$，两液压缸的负载相同，问：当输入压力油时，哪个液压缸先运动？

3）如图 8-15b 所示，已知 $A_1 = A_2$，$F_1 > F_2$，问：当输入压力油时，哪个液压缸先运动？

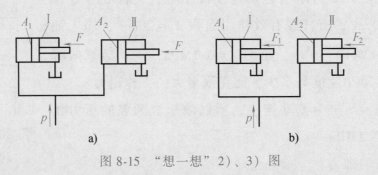

图 8-15 "想一想" 2）、3）图

4）液压缸上为什么要设置排气装置？一般应放在液压缸的什么位置？是否所有液压缸都要设置排气装置？

一、液压马达的工作原理

液压马达的作用是将液体的压力能转换为连续回转的机械能。它的工作原理与液压泵是互逆的，其结构与液压泵基本相同。但由于液压泵和液压马达两者的功用和工作条件不同，所以在实际结构上存在一定的差别。液压马达按结构可分为齿轮式、叶片式和柱塞式三大类。下面主要介绍叶片式液压马达和轴向柱塞式液压马达。

1. 叶片式液压马达

（1）工作原理 图 8-16a 所示为叶片式液压马达的工作原理图。当压力油进入压油腔后，在叶片 1、3（或 5、7）上，一面作用有压力油，另一面则为低压回油。由于叶片 1、5 受力面积大于叶片 3、7，所以压力油作用于叶片 1、5 上的作用力大于作用于叶片 3、7 上的作用力，从而由叶片受力差形成的力矩推动转子和叶片沿顺时针方向旋转。图 8-16b、c 所示为其图形符号与实物。

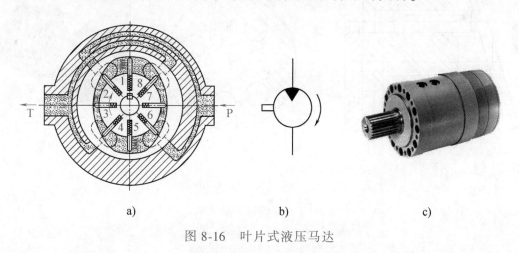

a)   b)   c)

图 8-16 叶片式液压马达

a）工作原理图 b）图形符号 c）实物

（2）结构特点及应用 与叶片泵相比，叶片式液压马达在结构上的一个主要特点是，叶片除靠压力油作用外，还要靠弹簧的作用力使叶片压紧在定子内表面上，因为在起动时，若叶片未贴紧定子内表面而使进油腔和排油腔相通，就不能形成油压，也不能输出转矩。因此，在叶片根部应设置预紧弹簧。另外，因为液压马达要求正反转，叶片在转子中是径向放置的。为了使叶片的底部始终都通压力油，不受液压马达回转方向的影响，在吸、压油腔通入叶片根部的通路上应设置单向阀（图中未示出）。

叶片式液压马达体积小、转动惯量小、动作灵敏，适用于换向频率较高的场合。但其泄漏量较大，低速工作时不稳定。因此，叶片式液压马达一般用于转速高、转矩小和动作要求灵敏的场合。

2. 轴向柱塞式液压马达

图 8-17a 所示为轴向柱塞式液压马达的工作原理图。斜盘 1 和配流盘 4 固定不动，缸体 3 及其上的柱塞 2 可绕缸体的水平轴线旋转。当压力油经配流盘通过缸孔进入柱塞底部时，柱塞受油压作用而向外紧紧压在斜盘上，这时斜盘对柱塞产生一反作用力 F。由于斜盘有一倾斜角 γ，所以 F 可分解为两个分力：一个是轴向分力 F_x，平行于柱塞轴线，并与作用在柱塞上的液压力平衡；另一个分力 F_y 垂直于柱塞轴线，对缸体轴线产生力矩，带动缸体旋转。缸体再通过主轴（图中未标明）向外输出转矩和转速。

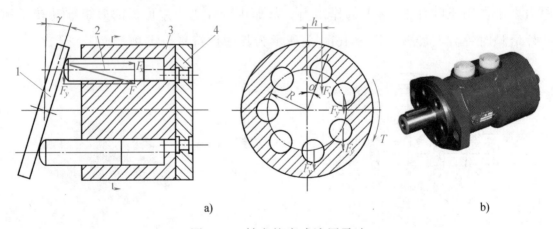

a) b)

图 8-17 轴向柱塞式液压马达

a）工作原理图 b）实物

1—斜盘 2—柱塞 3—缸体 4—配流盘

二、液压马达的主要性能参数

从液压马达的功用来看，其主要性能参数为转速 n_M、转矩 T_M 和效率 η_M。

1. 转速 n_M 和容积效率 η_{MV}

在没有泄漏的情况下，液压马达每转所需要输入的液体的体积称为液压马达的排量。若液压马达的排量为 V_M，以转速 n_M 旋转时，液压马达达到要求转速需要的流量 $q_{tM} = V_M n_M$（理论流量），即为真正转换成输出转速所需的流量。但由于液压马达存在泄漏，故实际所需流量应大于理论流量。设液压马达的泄漏量为 Δq，则实际供给液压马达的流量应为

$$q_M = q_{tM} + \Delta q \tag{8-8}$$

液压马达的容积效率为理论流量与实际输入流量之比，即

$$\eta_{MV} = \frac{q_{tM}}{q_M} = \frac{V_M n_M}{q_M} \tag{8-9}$$

液压马达的转速为

$$n_M = \frac{q_M}{V_M} \eta_{MV} \tag{8-10}$$

2. 转矩 T_M 和机械效率 η_{Mm}

因液压马达存在机械摩擦，使得液压马达输出的实际转矩 T_M 小于理论转矩 T_{tM}。设由摩擦造成的转矩损失为 ΔT_M，则 $T_M = T_{tM} - \Delta T_M$，液压马达的机械效率为实际转矩与理论转矩之比，即

$$\eta_{Mm} = \frac{T_M}{T_{tM}} \tag{8-11}$$

液压马达的输出转矩为

$$T_M = T_{tM} \eta_{Mm} = \frac{\Delta p V_M}{2\pi} \eta_{Mm} \tag{8-12}$$

式中　Δp——液压马达进、出口处的压差。

3. 液压马达的总效率 η_M

液压马达的总效率为液压马达的输出功率 P_M 和输入功率 P_{iM} 之比，即

$$\eta_M = \frac{P_M}{P_{iM}} = \eta_{MV} \eta_{Mm} \tag{8-13}$$

从式（8-13）可知，液压马达的总效率等于液压马达的机械效率 η_{Mm} 和容积效率 η_{MV} 的乘积。

例 8-2　某液压马达的排量 $V_M = 50\text{cm}^3/\text{r}$，总效率 $\eta_M = 0.75$，机械效率 $\eta_{Mm} = 0.9$，液压马达进油压力 $p_1 = 10\text{MPa}$，回油压力 $p_2 = 0.2\text{MPa}$。求：

1）该液压马达输出的实际转矩是多少？

2）若液压马达的转速 $n_M = 460\text{r/min}$，那么输入该液压马达的实际流量是

多少？

3）当外负载为 250N·m，液压马达的转速仍为 460r/min 时，该液压马达的输入功率和输出功率各为多少？

解：1）液压马达的输出转矩为

$$T_M = \frac{\Delta p V_M}{2\pi} \eta_{Mm} = \frac{(p_1 - p_2) V_M}{2\pi} \eta_{Mm}$$

$$= \frac{(10-0.2) \times 10^6 \times 50 \times 10^{-6}}{2\pi} \times 0.9 N \cdot m = 70.22 N \cdot m$$

2）液压马达的输入流量为

$$q_M = \frac{V_M n_M}{\eta_{MV}} = \frac{V_M n_M}{\eta_M / \eta_{Mm}} = \frac{50 \times 10^{-3} \times 460}{0.75/0.9} L/min = 27.6 L/min$$

3）液压马达的输出功率 P_M 和输入功率 P_{iM} 分别为

$$P_M = T_M 2\pi n_M = (250 \times 2\pi \times 460/60) W = 12036.6 W = 12.036 kW$$

$$P_{iM} = \frac{P_M}{\eta_M} = \frac{12.036}{0.75} kW = 16.048 kW$$

想一想

齿轮泵、叶片泵和柱塞泵是否都能当作液压马达使用？

技能实训 12　液压缸和液压马达的拆装

1. 实训目的

1）通过对液压缸和液压马达的拆装，分析、了解其结构、组成及特点。

2）加深对液压缸和液压马达原理和特性的理解。

2. 实训要求和方法

1）本实训采用教师重点讲解，学生自己动手拆装为主的方法。学生以小组为单位，边拆装边讨论分析其结构原理及特点。

2）拆卸时注意不要散失小的零件，实训完要把每个液压缸和液压马达装好。

3）每次实训后，由指导教师指定思考题作为本次实训的实训报告内容。

3. 实训内容

1）拆装液压缸。

2）拆装液压马达。

4. 实训思考题

（1）液压缸

1）简述液压缸的组成。

2）简述活塞与缸体、端盖与缸体、活塞杆与端盖间的密封形式。

3）简述液压缸中各类零件的材料及缸体的结构特点。

（2）轴向柱塞马达

1）为什么其柱塞可以做得短些？

2）缸体与配流盘表面之间的磨损是均匀的吗？磨损后可以自动补偿吗？

3）鼓轮里的三个弹簧起什么作用？

4）此液压马达可当液压泵使用吗？若可以，有无自吸能力？

（3）叶片马达

1）叶片为什么是径向安装的？

2）液压马达既可正转又可反转，是采用什么方法使各叶片根部总是通压力油的？

3）燕式弹簧起什么作用？它为什么同时作用在互成 90° 的两个叶片上？

4）液压马达和液压泵都是一种能量转换装置，它们的功能有何不同？从原理上讲它们是可逆的，但并不是所有的液压泵都能当液压马达使用，它们的结构有何不同？

单 元 小 结

1）液压缸和液压马达是液压传动系统的执行元件，将压力能转换为机械能，驱动工作机构工作。

2）液压缸按结构可分为活塞式、柱塞式、摆动式、齿条式等类型。

3）活塞缸可分为"杆动缸不动"和"缸动杆不动"两种形式，这两种形式的运动范围是不同的。

4）活塞缸可分为单杆活塞缸和双杆活塞缸，两种形式的速度和推力有所不同。

5）差动连接液压缸推力和速度的计算。差动连接液压缸在系统中多用于使运动部件实现差动快进。

6）了解液压缸的结构组成。

思考与练习

1. 填空题

1）液压系统中的工作压力取决于_____，液压缸的运动速度取决于_____。

2）活塞式液压缸按活塞杆的布置情况一般可分为_____和_____两种。

3）液压缸按结构的不同可分为_____、_____和_____三类。

4）液压缸的结构基本上可分为_____、_____、_____、_____和_____五个部分。

5）液压缸常见的密封方式有_____及_____、_____、_____和_____等。

6）液压缸常用的缓冲装置有_____、_____和_____三种。

2. 选择题

1）当液压缸的有效工作面积一定时，活塞的运动速度只取决于（　　）。

A. 系统的流量　　　　　B. 系统的压力　　　　C. 进入液压缸的流量

2）液压缸的有效工作面积为 $5×10^5mm^2$，工作压力为 2.5MPa，则液压缸产生的推力为（　　）。

A. $12.5×10^5N$　　　　B. $1.25×10^5N$　　　　C. 12.5N

3）液压缸的有效工作面积为 $50cm^2$，要使活塞移动速度达到 5m/min，则输入缸的流量应为（　　）L/min。

A. 25　　　　　　　　B. 250　　　　　　　　C. 2.5

3. 什么是液压执行元件？有哪些类型？用途如何？

4. 双杆活塞缸在缸固定和杆固定时，工作台运动范围有何不同？运动方向和进油方向之间是什么关系？

5. 什么是液压缸的差动连接？适用于什么场合？怎样计算液压缸差动连接时的运动速度和牵引力？

6. 图8-18所示三个液压缸的缸筒和活塞杆直径都是 D 和 d，当输入压力油的流量都是 q 时，试说明各缸筒的运动速度、运动方向和活塞杆的受力情况。

7. 简述柱塞缸的工作原理，并指出其特点。

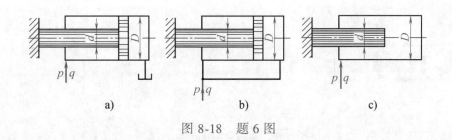

图 8-18 题 6 图

8. 当机床工作台的行程较长时应采用什么类型的液压缸? 如何实现工作台的往复运动?

9. 增压缸适用于什么场合?

10. 液压缸中为什么要设有缓冲装置? 常见的缓冲装置有哪几种?

11. 某液压系统的执行元件为双杆活塞缸 (图 8-19), 其工作压力 p = 3.5MPa, 活塞直径 D = 9cm, 活塞杆直径 d = 4cm, 工作进给速度 v = 1.52cm/s, 求双杆活塞缸能克服的最大阻力及所需流量。

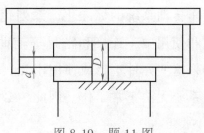

图 8-19 题 11 图

12. 单杆活塞缸的活塞直径 D = 8cm, 活塞杆直径 d = 5cm, 进入液压缸的流量 q = 30L/min, 求往复运动速度各是多少。

13. 在图 8-20 所示的单杆活塞缸中, 已知缸体内径 D = 125mm, 活塞杆直径 d = 70mm, 活塞向右运动的速度 v = 0.1m/s, 求进入液压缸的流量 q_1 和排出液压缸的流量 q_2 各为多少。

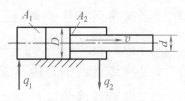

图 8-20 题 13 图

14. 什么是液压马达的工作压力、额定压力、排量和流量。

15. 某液压马达的排量 V_M = 250mL/r, 入口压力为 9.8MPa, 出口压力为 0.49MPa, 总效率 η_M = 0.9, 容积效率 η_{MV} = 0.92。当输入流量 q_M = 22L/min 时, 求液压马达的输出转矩和转速。

16. 已知液压泵输出压力 p_P = 10MPa, 机械效率 η_m = 0.95, 容积效率 η_V = 0.9, 排量 V_P = 10mL/r, 转速 n = 1500r/min; 液压马达的排量 V_M = 10mL/r, 机械效率 η_{Mm} = 0.95, 容积效率 η_{MV} = 0.9。求液压泵的输出功率、拖动液压泵的电动机功率、液压马达的输出转速、液压马达的输出转矩和功率。

单元9

液压辅助元件

液压系统中的辅助元件主要包括管件、密封元件、过滤器、蓄能器、测量仪表和油箱等。它们对保证液压系统可靠和稳定的工作具有非常重要的作用。由于液压传动系统的标准化、系列化和通用化程度较高，因而在实际设计、安装、调试和使用中，连接和密封等辅助性工作所占的比重越来越大，也较易出现问题。如果这些元件选择或使用不当，会严重影响整个液压系统的工作性能，甚至使液压系统无法正常工作。因此，必须给予足够的重视。

【学习目标】

- ⊙了解常用管件的类型及特点。
- ⊙了解密封装置的机理及合理选用。
- ⊙了解过滤器的选用及安装位置。
- ⊙了解蓄能器的工作原理及应用。
- ⊙了解油箱、热交换器及压力表附件的工作原理及应用。

学习任务1　管件

一、油管

油管是用于连接液压元件和输送液压油的。选用油管时，应尽可能使输油过程中的能量损失最小，即应有足够的通流截面面积、最短的路程、光滑的管壁，尽可能避免急转弯和截面突变。

液压系统中使用的油管有钢管、铜管、尼龙管、塑料管、橡胶软管等，油管应根据安装位置、工作压力来选用。钢管能承受高压，价格低廉，刚性好，但配管不方便；铜管在装配时易弯曲成各种需要的形状；尼龙管是一种用尼龙 1010 树脂粒料经挤压成型的乳白色半透明管，一般用于低压润滑系统中；橡胶软管用于两个相对运动件之间的连接，安装方便，还能吸收部分液压冲击。

二、管接头

管接头是油管与油管、油管与液压元件间可拆卸的连接件，应满足连接牢固、密封可靠、液阻小、结构紧凑、拆装方便等要求。

管接头的种类很多，按接头的通路方向分为直通、直角、三通、四通、铰接等形式；按其与油管的连接方式分，有管端扩口式、卡套式、焊接式、扣压式等。管接头与机体的连接常用圆锥螺纹和普通细牙螺纹。用圆锥螺纹连接时，应外加防漏填料；用普通细牙螺纹连接时，应采用组合密封垫（熟铝合金与耐油橡胶组合），且应在被连接件上加工出一个小平面。常用的管接头类型及特点见表 9-1。

表 9-1 常用的管接头类型及特点

类型	结 构 图	特 点
扩口式管接头		利用管子端部扩口进行密封,不需其他密封件。适用于薄壁管件和压力较低的场合
焊接式管接头		把接头与钢管焊接在一起,端部用 O 形密封圈密封。对管子尺寸精度要求不高。工作压力可达 32MPa
卡套式管接头		用卡套的变形卡住管子并进行密封。轴向尺寸控制不严格,易于安装。工作压力可达 32MPa,但对管子外径及卡套制作精度要求较高
球形管接头		利用球面进行密封,不需要其他密封件,但对球面和锥面加工精度有一定要求
扣压式管接头（软管）		管接头由接头外套和接头心组成,软管装好后再用模具扣压,使软管得到一定的压缩量。这种结构具有较好的抗拔脱性和密封性
可拆式管接头（软管）		将外套和接头做成六角形,便于经常拆装软管。适用于维修和小批量生产。这种结构装配比较费力,只用于小管径连接

（续）

类型	结构图	特点
伸缩管接头		接头由内管和外管组成，内管可在外管内自由滑动，并用密封圈密封。内管外径必须进行精加工。它适用于被连接两元件有相对直线运动的管道
快速管接头		管子拆开后可自行密封，管道内的油液不会流失，因此适用于经常拆卸的场合。其结构比较复杂，局部压力损失较大

学习任务 2　密封装置

一、密封装置的功用

液压装置的内、外泄漏直接影响着系统的性能和效率，甚至会使系统压力提不高，严重时可使整个系统无法工作；泄漏还会使工作环境受到污染，浪费油料。因此，合理选用密封件非常重要。常见的密封形式有间隙密封和密封元件密封。

二、密封装置的种类和特点

1. 间隙密封

间隙密封是靠相对运动零件配合表面之间的微小间隙来进行密封的，常用于柱塞、活塞或阀的圆柱配合副中。在图 9-1 所示的间隙密封中，活塞或阀芯的外圆表面上开有几个宽 0.3 ~ 0.5mm 的环形沟槽，称为压力平衡槽。压力平衡槽的作用是增加油液流经此间隙时的阻力，有助于增加密封效果；有利于活塞或阀芯上的各向油压趋于平衡，自动对中，减小移动时的摩擦力（液压卡紧力），并以减小间隙的方法来减少泄漏。一般活塞的间隙 δ 为 0.02 ~ 0.05mm，间

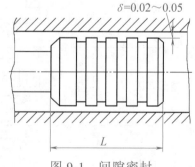

图 9-1　间隙密封

隙密封属于非接触式密封，其结构简单、摩擦力小、寿命长，但对配合表面的加工精度和表面粗糙度要求较高，且不能完全消除泄漏，密封性能也不能随压力的升高而提高，故只应用于低压、小直径、快速液压缸的动密封中。此外，在各种

液压阀、液压泵和液压马达的动密封中也广泛应用。

2. 密封元件密封

（1）O形密封圈　如图9-2所示，O形密封圈的截面为圆形，一般用耐油橡胶制成。O形密封圈安装时要有合理的预压缩量，它在沟槽中会受到油压作用变形，从而紧贴槽侧及配合偶件的壁，所以其密封性能可随压力的增加而提高。但其预压缩量必须合适，过小不能密封，过大则会增大摩擦力，易导致损坏。因此，安装密封圈的沟槽尺寸和表面质量必须符合有关手册给出的数据。在动密封中，当压力大于10MPa时，为了防止压力油将密封圈挤入间隙而损坏（图9-3a），需在O形密封圈的低压侧设置聚氟乙烯或尼龙制成的挡圈

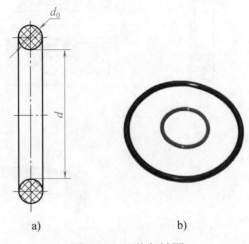

图9-2　O形密封圈

a）截面图　b）实物

（图9-3b），其厚度为1.25~2.5mm。双向受高压时，两侧都要加挡圈（图9-3c）。

　　O形密封圈的结构简单、密封性能好、安装尺寸小、摩擦因数小、制造容易、安装方便、成本低，但寿命较短，密封处的精度要求高，动密封时起动阻力大。适合在-40~120℃温度下工作，其使用速度范围为0.005~0.3m/s。

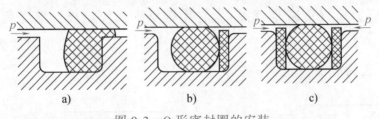

图9-3　O形密封圈的安装

（2）Y形密封圈　如图9-4a所示，Y形密封圈的截面形状为Y形，用耐油橡胶制成。工作时，利用油的压力使两唇边紧压在配合偶件的两接合面上实现密封。其密封能力可随压力的升高而提高，并且在磨损后有一定的自动补偿能力。因此，装配时其唇边应对着有压力的油腔。当压力变化较大、运动速度较高时，要采用支承环来定位，以防发生翻转现象，如图9-4b、c所示。图9-4d所示为其实物。

　　Y形密封圈因内、外唇边对称，因此既可用于轴的密封，也可用于孔的密封。

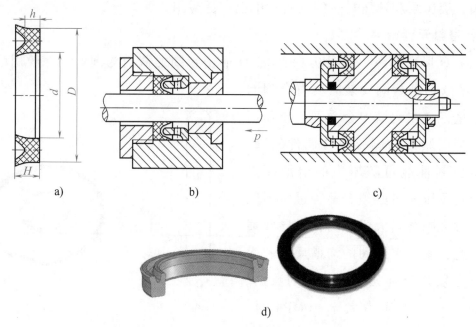

图 9-4　Y 形密封圈

a) 截面图　b)、c) 安装图　d) 实物

它的密封性能良好、摩擦力小、稳定性好，适用于工作压力不大于 20MPa、工作温度为 -30~100℃、使用速度不大于 0.5m/s 的场合。

　　Y_x 形密封圈是 Y 形密封圈的改进型，如图 9-5 所示。它的截面增加了底部支承宽度，稳定性好，所以不用支承环也不会在沟槽中翻转和扭曲。它的内、外唇边不等，分孔用（图 9-5a）和轴用（图 9-5b）两种。其特点是固定边长（以增大支承），滑动唇边短（能减小摩擦）。它用聚氨酯橡胶制成，强度高、耐磨性好、摩擦因数小、寿命长，适用于工作压力不大于 31.5MPa、使用温度为 -30~100℃ 的场合，应用较为广泛。

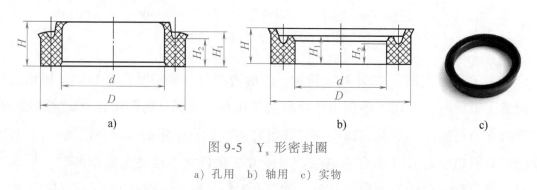

图 9-5　Y_x 形密封圈

a) 孔用　b) 轴用　c) 实物

　　（3）V 形密封圈　如图 9-6 所示，V 形密封圈的截面形状为 V 形，它由支承

环（图9-6a）、V形密封环（图9-6b）和压环（图9-6c）组成。密封环用橡胶或夹织物橡胶制成，压环和支承环可用金属、夹织物橡胶、合成树脂等制成。压环的V形槽角度和密封环完全吻合，而支承环的夹角略大于密封环。当压环压紧密封环时，支承环使密封环变形而起密封作用。安装时，V形密封环的唇口应面向压力高的一侧。当工作压力高于10MPa时，可增加密封环的数量，以增强密封效果。图9-6d所示为V形密封圈实物。

V形密封圈耐高压、密封性能良好、寿命长，但密封装置的摩擦力和结构尺寸较大，检修、拆换不便。它主要用于大直径、高压、高速柱塞或活塞和低速运动活塞杆的密封。其工作温度为-40~80℃，工作压力可达50MPa。使用速度：密封圈用丁腈橡胶时为0.02~0.3m/s，用夹织物橡胶时为0.005~0.5m/s。

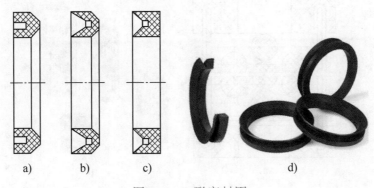

图9-6　V形密封圈

a）支承环　b）V形密封环　c）压环　d）实物

学习任务3　过滤器

一、过滤器的功用

过滤器的功用是清除油液中的各种杂质，以免划伤或磨损，甚至卡死相对运动的零件，或者堵塞节流孔，影响系统的正常工作，降低液压元件的寿命，甚至造成液压系统的故障。不同的液压系统对油液的过滤精度要求不同，过滤器的过滤精度指过滤器对各种不同尺寸粒子的滤除能力，常用绝对过滤精度和过滤比这两个指标来衡量过滤精度。目前，过滤比已被国际标准化组织（ISO）作为评定过滤器精度的性能指标，但我国仍按绝对过滤精度将过滤器分为粗、普通、精、特精四种。

二、过滤器的类型

根据系统的使用要求，常用的过滤器可分为以下几种类型。

1. 网式过滤器

网式过滤器的结构如图9-7a所示，由上盖1、下盖4连接开有若干孔的筒形骨架组成，筒形骨架2上包一层或多层金属丝滤网3。过滤精度由网孔的大小和网的层数决定。其特点是结构简单，通油能力强，清洗方便，但过滤精度较低。常用于泵的吸油管路上对油液进行粗过滤。网式过滤器所用的滤芯实物如图9-7b所示。

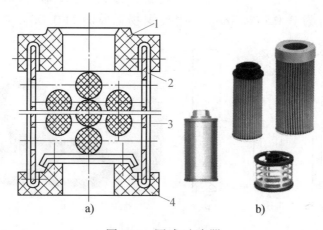

图9-7　网式过滤器

a）结构　b）滤芯实物

1—上盖　2—筒形骨架　3—金属丝滤网　4—下盖

2. 线隙式过滤器

线隙式过滤器的结构如图9-8a所示，它由外部绕有铜线或铝线的筒形骨架1及滤芯2和壳体3组成，利用线间的缝隙过滤。其特点是结构简单，通油能力强，过滤精度比网式过滤器高，但不易清洗，滤芯强度较低。图9-8b所示为线隙式过滤器的滤芯实物。

3. 纸芯式过滤器

纸芯式过滤器的结构如图9-9a

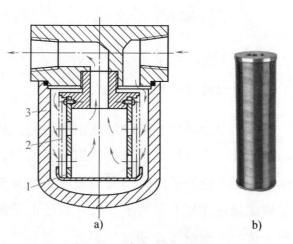

图9-8　线隙式过滤器

a）结构　b）滤芯实物

1—筒形骨架　2—滤芯　3—壳体

所示。纸芯式过滤器的滤芯为纸质，为增大滤芯强度，一般滤芯由三层组成：滤芯外层2为粗眼钢丝网，滤芯中层3为折叠成W形的滤纸，滤芯里层4由金属丝网与滤纸一并折叠而成。滤芯中央装有支承弹簧5。其特点是过滤精度高、压力损失小、结构紧凑、成本低，但无法清洗，需定期更换滤芯（图9-9b）。过滤器上方装有堵塞状态发信装置1，当滤芯堵塞时，发出堵塞信息——发亮或发声，提醒操作人员更换滤芯。纸芯式过滤器一般用于精过滤。

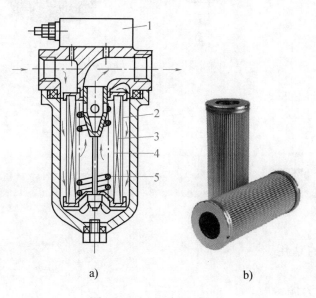

图 9-9 纸芯式过滤器

a）结构 b）滤芯实物

动画：纸芯式
过滤器

1—堵塞状态发信装置 2—滤芯外层 3—滤芯中层

4—滤芯里层 5—支承弹簧

4. 烧结式过滤器

烧结式过滤器的结构如图9-10a所示，其滤芯3通常由青铜等颗粒状金属烧结而成，它装在壳体2中，并由上盖1固定。油液从油口A进入，经滤芯3过滤后从油口B流出。烧结式过滤器利用颗粒间的微孔进行过滤，过滤精度高、耐腐蚀性好，能在较高油温下工作。缺点是易堵塞、难清洗、烧结的颗粒易脱落。图9-10b所示为其滤芯实物。

液压系统中除了吸油管口装有粗过滤器外，在压油或回油等管道上也装有普通过滤器。另外，在重要元件，如调速阀等前还装有精过滤器。安装时，应使油液从滤芯的外部流入，从内部流出，使杂质积存在滤芯的外表面，以便于清洗。

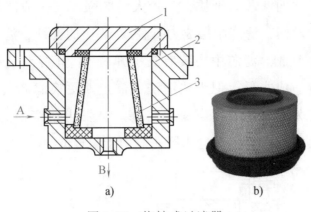

图 9-10 烧结式过滤器

a）结构 b）实物

1—上盖 2—壳体 3—滤芯

动画：烧结式
过滤器

学习任务4   蓄能器

一、蓄能器的功用

1. 作辅助动力源

当液压系统工作循环中所需的流量变化较大时，可采用一个蓄能器与一个较小流量（整个工作循环的平均流量）的液压泵配合使用。在短期大流量时，由蓄能器与液压泵同时供油；所需流量较小时，液压泵将多余的油液充向蓄能器。这样，可节省能源，降低温升。另外，在有些特殊的场合，为了防止停电或驱动液压泵的原动力发生故障，蓄能器可作为应急能源短期使用。

2. 保压和补充泄漏

当液压系统要求在较长时间内保压时，可采用蓄能器补偿系统泄漏，使系统压力保持在一定范围内。

3. 缓和冲击、吸收压力脉动

当阀门突然关闭或换向时，系统中产生的冲击压力可由安装在易产生冲击处的蓄能器来吸收，使液压冲击的峰值降低。若将蓄能器安装在液压泵的出口处，则可降低液压泵压力脉动的峰值。

二、蓄能器的类型

蓄能器主要有重锤式、弹簧式和充气式三种。常用的是充气式，它又分为活塞式、囊式和隔膜式三种。下面主要介绍活塞式和囊式蓄能器。

1. 活塞式蓄能器

图 9-11a、d 所示分别为活塞式蓄能器的结构与实物，它是利用在缸筒 2 中浮动的活塞 1 把缸中的气体与油液隔开的。活塞上装有密封圈，活塞的凹部面向气体，以增加气室的容积。这种蓄能器结构简单、工作可靠、安装容易、维修方便、寿命长；但由于活塞惯性和摩擦阻力的影响，反应不灵敏，容量较小，最高工作压力为 17MPa，总容量为 1~39L，温度适应范围为 -4~80℃。

2. 囊式蓄能器

图 9-11b、e 所示分别为囊式蓄能器的结构与实物，它由壳体 4、皮囊 5、充气阀 3 和限位阀 6 等组成，工作压力为 3.5~35MPa，容量范围为 0.6~200L，温度适用范围为 -10~65℃。工作前，从充气阀向皮囊内充入一定压力的气体，然后将充气阀关闭，使气体封闭在皮囊内。要储存的油液从壳体底部限位阀处引到皮囊外腔，使皮囊受压缩而储存液压能。为了安全起见，所充气体一般为惰性气体或氮气。其优点是惯性小、反应灵敏、结构紧凑、质量小，充气后能长时间保存气体，且充气方便，所以广泛应用于液压系统中。图 9-11c 所示为充气式蓄能器的图形符号。

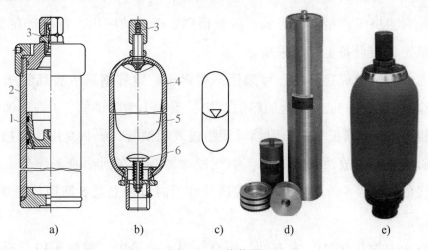

图 9-11　蓄能器

a) 活塞式结构　b) 囊式结构　c) 图形符号　d) 活塞式实物　e) 囊式实物

1—活塞　2—缸筒　3—充气阀　4—壳体　5—皮囊　6—限位阀

三、蓄能器的安装

蓄能器在液压系统中的安装位置随其功用而定，主要应注意以下几点：

1）囊式蓄能器应油口向下，垂直安装。

2）用于吸收液压冲击和压力脉动的蓄能器应尽可能安装在振源附近。

3）装在管路上的蓄能器须用支板或支架固定。

4）蓄能器与液压泵之间应安装单向阀，以防止液压泵停止时蓄能器储存的压力油倒流而使泵反转。蓄能器与管路之间也应安装截止阀，以供充气和检修之用。

学习任务5　油箱、热交换器及压力表附件

一、油箱

1. 油箱的功用和结构

油箱的主要功用是储存油液，另外还有散热、分离油中的空气和沉淀油中的杂质等作用。液压系统中的油箱有整体式和分离式两种。整体式是利用机器设备机身内腔作为油箱（如注塑机、压铸机等），其结构紧凑，漏油易回收，但不便于维修和散热。分离式是设置一个单独的油箱，与主机分开，减小了油箱发热和液压源振动对主机工作精度的影响，因此得到了普遍的应用，特别是在组合机床、自动线和精密机械设备上广泛采用。

油箱通常用钢板焊接而成，可采用不锈钢板、镀锌钢板或普通钢板并内涂防锈的耐油涂料。图 9-12a 所示为油箱的结构，图中 1 为吸油管，4 为回油管，中间有两个隔板 7 和 9，隔板 7 用于阻挡沉淀物进入吸油管，隔板 9 用于阻挡泡沫进入吸油管，脏物可通过放油阀 8 放出，空气过滤器 3 设在回油管一侧的上部，兼有加油和通气的作用，6 是油标，当彻底清洗油箱时可将上盖 5 卸掉。图 9-12b 所示为油箱实物。

如果将压力为 0.05MPa 左右的压缩空气引入油箱中，使油箱内部压力大于外部压力，这时外部空气和灰尘不可能被吸入，提高了液压系统的抗污染能力，改善了吸入条件，这就是所谓的压力油箱。

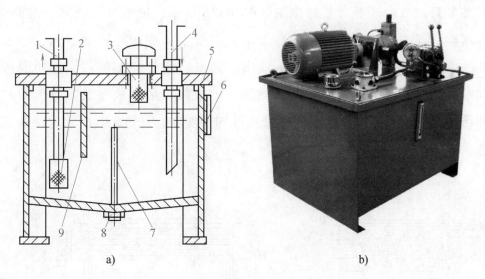

图 9-12　油箱

a）结构　b）实物

1—吸油管　2—过滤器　3—空气过滤器　4—回油管

5—上盖　6—油标　7、9—隔板　8—放油阀

2. 油箱容量的确定

油箱的有效容积 V（指油面高度为油箱高度 80% 时的容积）一般可按液压泵的额定流量 q_n 估算，一般低压系统取 $V=(2\sim4)q_n$；中压系统取 $V=(5\sim7)q_n$；高压系统取 $V=(6\sim12)q_n$。

二、热交换器

油箱中油液的温度一般推荐为 $30\sim50℃$，最高不大于 $65℃$，最低不小于 $15℃$。对于高压系统，为了避免漏油，油温不应超过 $50℃$。温度过高使油液易变质，同时会使液压泵的容积效率下降；温度过低使油液黏度增大，系统不能正常起动。为了有效地控制油温，在油箱中常配有冷却器和加热器。冷却器和加热器统称为热交换器。

1. 冷却器

常用的冷却器有水冷式和风冷式两种。

（1）水冷式冷却器　最简单的水冷却器是蛇形管式水冷却器，其结构如图 9-13a 所示，实物如图 9-13d 所示。它直接装在油箱内，冷却水从蛇形管内流过。这种冷却器结构简单，但冷却效率低、耗水量大、费用高。液压系统中采用较多的是多管式水冷却器，其结构图如图9-13b所示。油液从外壳右上端部油口a进入冷却器，经左端油口b流出。冷却水从右端盖4的中心孔d进入，经过多根铜管3的内孔，经左端盖1上的孔c流出。油液在水管外部流过，三块隔板2用来增加油液循环路线的长度，以改善热交换的效果，散热效率较高，但冷却器的体积和质量较大。图9-13e所示为多管式冷却器实物。图9-13c所示为冷却器的图形符号。

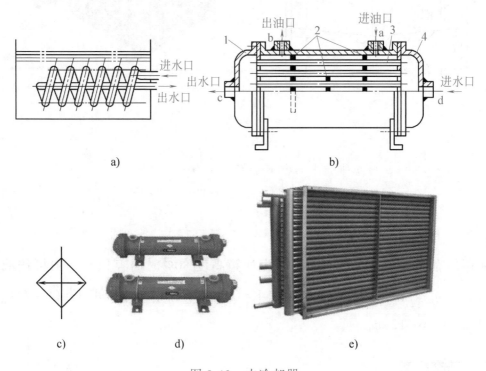

图 9-13　水冷却器

a）蛇形管式结构　b）多管式结构　c）图形符号　d）蛇形管式实物　e）多管式实物
1—左端盖　2—隔板　3—铜管　4—右端管

近年来生产了一种翅片式冷却器，每根管子有内、外两层，内管中通水，外管中通油，而外管上还有许多翅片，以增大散热面积。这种冷却器质量相对较小。

（2）风冷式冷却器　风冷式冷却器由风扇和许多带散热片的管子组成，油液从管内流过，风扇迫使空气穿过管子和散热片表面，使油液冷却。它的冷却效率较水冷式低，但使用时不需要水源，比较方便，特别适用于行走机械的液压系统。

冷却器一般安装在回油路上，以避免承受高压。

2. 加热器

液压系统中油液的加热一般都采用加热器，如图9-14所示。由于直接和加热器接触的油液温度可能很高，会加速油液老化，所以加热器应慎用。如有必要，可在油箱内多装几个加热器，使加热均匀。

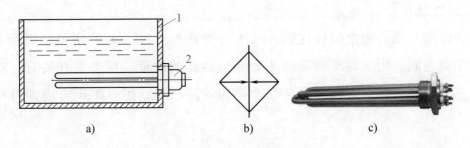

图 9-14　加热器

a）安装图　b）图形符号　c）实物

1—油箱　2—加热器

三、压力表附件

1. 压力表

液压系统各工作点的压力可通过压力表观测，以便调整和控制。压力表的种类很多，最常用的是弹簧管式压力表，其结构如图 9-15a 所示。压力油进入弹簧弯管 1 时管端产生变形，通过杠杆 4 使扇形齿轮 5 摆动，扇形齿轮与小齿轮 6 啮合，小齿轮带动指针 2 旋转，从刻度盘 3 上读出压力值。压力表的准确度等级以其误差占量程的百分数表示。图 9-15b、c 所示分别为压力表的图形符号与实物。

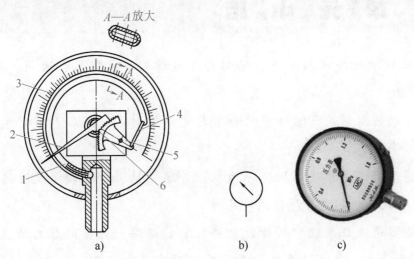

图 9-15　弹簧弯管式压力表

a）结构　b）图形符号　c）实物

1—弹簧弯管　2—指针　3—刻度盘　4—杠杆　5—扇形齿轮　6—小齿轮

选用压力表时，系统最高压力约为其量程的 3/4 比较合理。压力表必须直立安装，并在压力表与压力管道间设置阻尼器，以防止被测压力突然升高而将表损坏。

2. 压力表开关

压力油路与压力表之间往往装有一压力表开关，如图 9-16 所示。实际上它是一个小型截止阀，用于切断和接通压力表与油路的通道。压力表开关有一点、三点、六点等。多点压力表开关可与几个被测油路相通，用一个压力表即可检测多点压力。

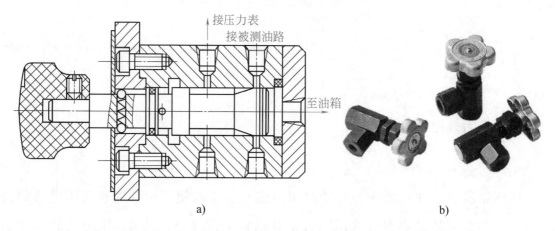

图 9-16　压力表开关

a）结构　b）实物

单元小结

1）液压辅助元件包括管件、密封件、过滤器、蓄能器、油箱、热交换器、压力表附件等。

2）常见的密封形式有间隙密封和密封元件密封。了解各种密封形式的适用范围。

3）过滤器按过滤精度不同，分为粗、普通、精、特精四种。过滤器的类型有网式、线隙式、纸芯式、烧结式等几种。

4）蓄能器是液压系统中的储能元件，它能储存一定量的压力油，当系统需要时，能迅速释放出来，供系统使用。蓄能器有三大功用，即作为辅助动力源，可以保压和补充泄漏、缓和冲击、吸收压力脉动。

5）油箱的主要功用是储存油液、散热、分离油液中的气体和沉淀油中的杂质。

6）热交换器包括冷却器和加热器，其作用是保证液压油在规定的油温范围内。

思考与练习

1. 填空题

1）液压系统中常用的油管有_____、_____、_____、_____、_____等多种类型，应根据_____、_____来正确选用。

2）间隙密封主要用于_____场合。

3）V形密封圈主要用于_____场合。

4）按过滤精度不同，过滤器分为四个等级，即_____、_____、_____、_____；按滤芯材料和结构不同，过滤器有_____、_____、_____、_____。

5）液压泵吸油口常用_____过滤器，其额定流量应为泵的最大流量的_____倍。

6）油箱的有效容积是指_____。

2. 常用的管接头有哪几种？它们各适用于什么场合？

3. 安装Y形密封圈时应注意什么问题？

4. 安装O形密封圈时，为什么要在其侧面安放一个或两个挡圈？

5. 蓄能器有什么功用？蓄能器的安装注意事项有哪些？

6. 油箱的正常温度是多少？是否所有的油箱都要设置冷却器和加热器？

单元10

液压控制元件及基本回路

液压控制阀的种类繁多，功能各异，根据其用途、操纵方式和连接方式进行分类，见表10-1。

基本回路是由一些液压元件组成的用来完成特定功能的典型油路，一般可分为压力控制回路、速度控制回路、方向控制回路及多执行元件控制回路。液压系统无论怎么复杂，都是由一些基本回路组成的。

表 10-1   液压控制阀的分类

分类方法	种　类	详　细　分　类
按用途分	压力控制阀	溢流阀、减压阀、顺序阀、比例压力控制阀、压力继电器等
	流量控制阀	节流阀、调速阀、分流阀、比例流量控制阀等
	方向控制阀	单向阀、液控单向阀、换向阀、比例方向控制阀
按操纵方式分	人力操纵阀	手把及手轮、踏板、杠杆
	机械操纵阀	挡块、弹簧、液压、气动
	电动操纵阀	电磁铁控制、电液联合控制
按连接方式分	管式连接	螺纹式连接、法兰式连接
	板式及叠压式连接	单层连接板式、双层连接板式、集成块连接、叠加阀
	拆装式连接	螺纹式拆装、法兰式拆装

液压控制阀的性能要求：

1）动作灵敏，工作可靠，工作时冲击和振动小。

2）油液通过液压阀时，压力损失要小。

3）密封性能好，内泄漏少，无外泄漏。

4）结构简单紧凑，安装、调试、维护方便，通用性好。

【学习目标】

⊃了解方向、压力、流量控制阀的各种结构，掌握其工作原理。

◯掌握液压控制阀的选用。

◯掌握各种基本回路的功能及合理选用，学会各种基本回路的连接。

学习任务 1 方向控制阀的工作原理及选用

方向控制阀是用于控制和改变液压系统液流方向的阀。方向控制阀的基本工作原理是利用阀芯与阀体间相对位置的改变，实现油路间的通、断，以满足系统对液流方向的要求。方向控制阀分为单向阀和换向阀两类。

一、单向阀

1. 普通单向阀

普通单向阀（简称单向阀）的作用是只允许液流单方向流动，不允许反向倒流。要求其正方向液流通过时压力损失小，反向截止时密封性能好。

目前生产的普通单向阀有直通式和直角式两种形式，直通式单向阀为管式连接，如图 10-1a 所示；直角式单向阀为板式连接，如图 10-1b 所示；图 10-1c 所示为单向阀的图形符号；图 10-1d 所示为单向阀实物。

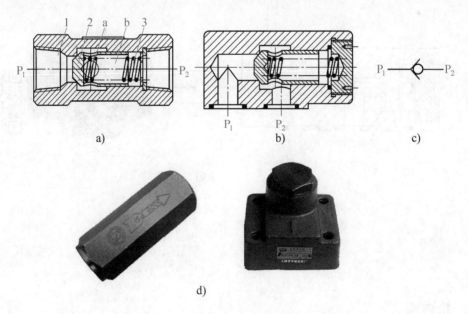

图 10-1 单向阀

a）管式连接 b）板式连接 c）图形符号 d）实物

1—阀体 2—阀芯 3—弹簧

单向阀由阀体、阀芯和弹簧等零件组成。当压力油从 P_1 口流入时，克服弹簧力使阀芯右移，阀口开启，油液经阀口、阀芯上的径向孔 a 和轴向孔 b 从 P_2 口流出。当油液从 P_2 口流入时，在油压和弹簧作用下，将阀芯锥面紧压在阀座上，阀口关闭，油液不能通过。单向阀中的弹簧只起使阀芯复位的作用，弹簧刚度应较小，以免液流通过时产生过大的压力损失。一般单向阀的开启压力为 0.03 ~ 0.05MPa，通过额定流量时的压力损失不超过 0.3MPa。若用作背压阀，可更换较硬的弹簧，使其开启压力达到 0.2~0.6MPa。

2. 液控单向阀

图 10-2a 所示为液控单向阀的结构，它是由单向阀和微型液压缸组成的。当控制口 C 不通压力油时，其工作和普通单向阀一样。当控制口 C 通压力油时，活塞 1 右侧 a 腔通泄油口（图中未画出），在油液压力作用下活塞向右移动，推动顶杆 2 顶开阀芯 3，使油口 P_1 到 P_2 及 P_2 到 P_1 均能接通，这时，油液就可以从 P_2 口流向 P_1 口。C 口通入的控制油压力最小应为主油路压力的 30%。图 10-2b 所示为其图形符号，图 10-2c 所示为其实物。

液控单向阀控制口 C 未通控制压力油时具有良好的反向密封性能，所以常用于保压、锁紧和平衡回路中。

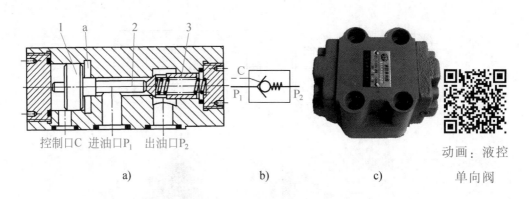

图 10-2　液控单向阀

a）结构　b）图形符号　c）实物

1—活塞　2—顶杆　3—阀芯

二、换向阀

1. 换向阀的分类

换向阀的种类很多，其分类见表 10-2。

表 10-2　换向阀的分类

分 类 方 法	种　　　类
按阀芯结构及运动方式	滑阀、转阀、锥阀等
按阀的工作位置数和通路数	二位二通、二位三通、二位四通、二位五通、三位四通、三位五通等
按阀的操纵方式	手动、机动、电动、液动、电液动等
按阀的安装方式	管式、板式、法兰式等

2. 换向阀的工作原理及图形符号

换向阀是利用阀芯与阀体的相对位置改变使油路接通、切断或变换油流的方向，从而实现液压执行元件的起动、停止或变换方向的。如图 10-3 所示，滑阀阀芯是一个具有若干个环槽的圆柱体（图示阀芯有三个台肩），而阀体孔内有若干个沉割槽（图上示为五槽）。每个沉割槽都通过相应的孔道与外部相通，其 P 口为进油口，T 口为回油口，A 口和 B 口分别接执行元件的两腔。

当阀芯在外力作用下处于图 10-3b 所示工作位置时，四个油口互不相通，液压缸两腔均不通压力油，处于截止状态。如图 10-3a 所示，若使阀芯右移，P 口和 A 口相通，B 口和 T 口相通，压力油经 P、A 油口进入液压缸左腔，液压缸右腔的油液经 B、T 油口流回油箱，活塞向右运动。反之，若使阀芯左移，P 口和 B 口相通，A 口和 T 口相通，活塞向左运动，如图 10-3c 所示。

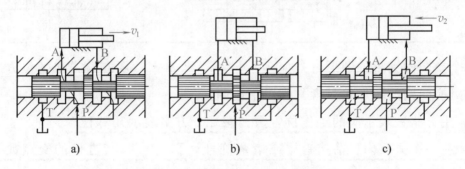

图 10-3　换向阀的换向原理

表 10-3 列出了几种常见的换向阀的结构原理以及与之相对应的图形符号。

表 10-3　常见换向阀的结构原理和图形符号

类　　　型	结构原理图	图形符号
二位二通		

（续）

类　　型	结 构 原 理 图	图 形 符 号
二位三通	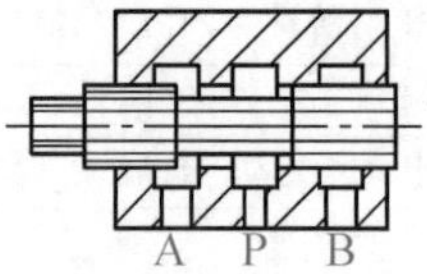	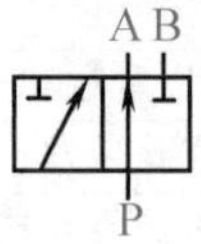
二位四通	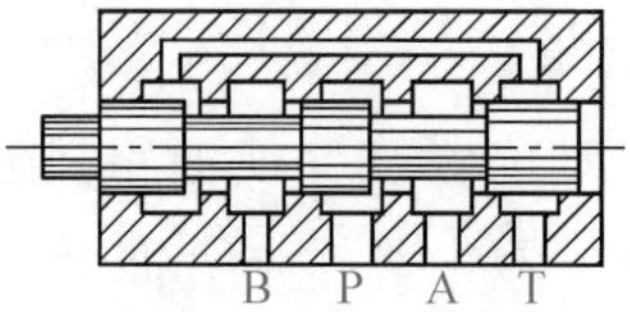	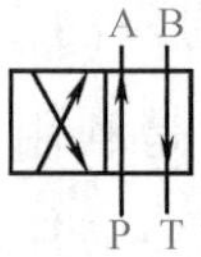
二位五通	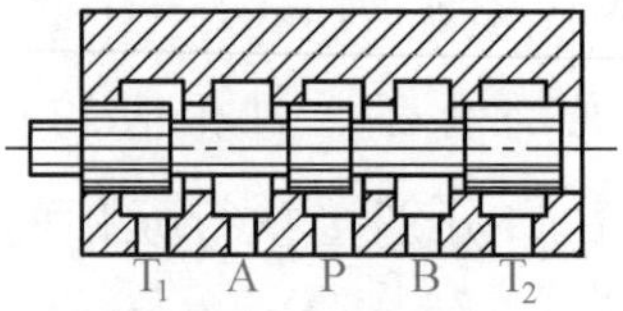	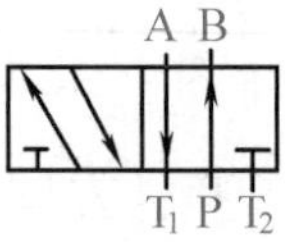
三位四通	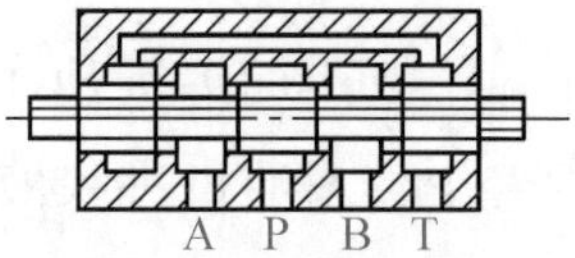	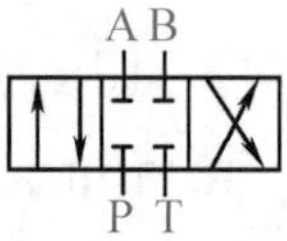
三位五通	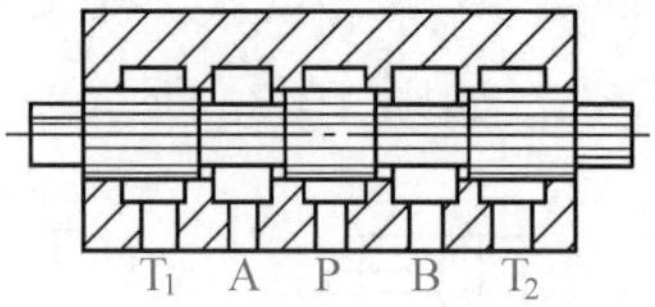	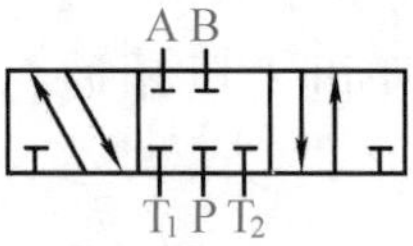

一个换向阀完整的图形符号应表示出其操纵方式、复位方式和定位方式等内容，现对换向阀的图形符号含义作以下说明：

1）用方格数表示阀的工作位置数，有几个方格表示几"位"。

2）在一个方格内，箭头首尾或堵塞符号"⊤""⊥"与方格的交点数为油口通路数。箭头表示两油口相通，并不一定表示实际流向，"⊤"和"⊥"表示油口截止。

3）P表示进油口，T表示回油口，A和B表示连接其他两个工作油路的油口。

4）控制方式和复位弹簧的符号画在方格的两侧。

5）三位阀的中位、二位阀靠近弹簧的那一位为常态位。

3. 常态和中位机能

当换向阀没有操纵力的作用处于静止状态时称为常态。对于二位换向阀，靠近弹簧的那一位为常态。二位二通换向阀有常开型和常闭型之分，常开型的常态位是连通的，常闭型的常态位是截止的，在液压系统图中，换向阀的图形符号与油路的连接应画在常态位上。

对于三位的换向阀，其常态为中间位置，各油口的连通方式体现了换向阀的不同控制机能，称为中位机能。三位换向阀的中位有多种机能，以满足执行元件处于非运动状态时系统的不同要求。表10-4列出了三位换向阀常见中位机能的机能代号、结构原理、图形符号及机能特点和应用。

不同的中位机能有不同的特点，设计液压系统时若能正确巧妙地选择中位机能，则可用较少的元件实现回路所需要的功能。

表10-4　三位换向阀的中位机能

机能代号	结构原理	图形符号		机能特点和应用
		三位四通	三位五通	
O		A B P T	A B T₁ P T₂	各油口全部封闭，液压缸两腔闭锁，液压泵不卸荷，液压缸充满油，从静止到起动平稳；在换向过程中，由于运动惯性引起的冲击较大；换向位置精度高；可用于多个换向阀并联工作
H		A B P T	A B T₁ P T₂	各油口互通，液压泵卸荷，液压缸呈浮动状态，液压缸两腔接油箱。从静止到运动有冲击，在换向过程中，由于油口互通，故换向较O型平稳，但换向位置变动大
Y		A B P T	A B T₁ P T₂	液压泵不卸荷，液压缸两腔通回油，液压缸呈浮动状态，从静止到运动有冲击，制动性能介于O型与H型之间
P		A B P T	A B T₁ P T₂	回油口关闭，压力油与液压缸两腔连通，可实现液压缸差动回路，从静止到起动较平稳；制动时液压缸两腔均通压力油，故制动平稳；换向位置变动比H型小
K		A B P T	A B T₁ P T₂	液压泵卸荷，液压缸一腔封闭，一腔接回油，两个方向换向时性能不同；不能用于多个换向阀并联工作
M		A B P T	A B T₁ P T₂	液压泵卸荷，液压缸两腔封闭，从静止到起动较平稳；换向时与O型相同，可用于液压泵卸荷、液压缸锁紧的液压回路中
J		A B P T	A B T₁ P T₂	液压泵不卸荷，从静止到运动有冲击，换向过程也有冲击，可以和其他换向阀并联使用

4. 几种常见的换向阀

（1）**手动换向阀**　手动换向阀是利用杠杆来改变阀芯位置实现换向的。

图 10-4a 所示为自动复位式手动换向阀，推动手柄向右，阀芯移至左位，P 口与 A 口相通，B 口与 T 口经阀芯内的径向孔和轴向孔相通；推动手柄向左，阀芯移至右位，P 口与 B 口、A 口与 T 口相通，从而实现换向。手一离开手柄，阀芯在弹簧力作用下自动复位到中位，油口 P、A、B、T 全部封闭。该阀适用于动作频繁、工作持续时间短的场合，操作较安全，常用于工程机械中。

若将自动复位式手动换向阀的右端改为图 10-4b 所示结构，则成为钢球定位式手动换向阀。其定位槽数由阀的工作位数决定，当操作手柄扳动阀芯时，阀芯可借助弹簧和钢球保持在左、中、右任何一个位置上。当松开手柄后，阀芯仍保持在所需要的工作位置上。该阀应用于液压机、船舶等需保持工作状态时间较长的情况。

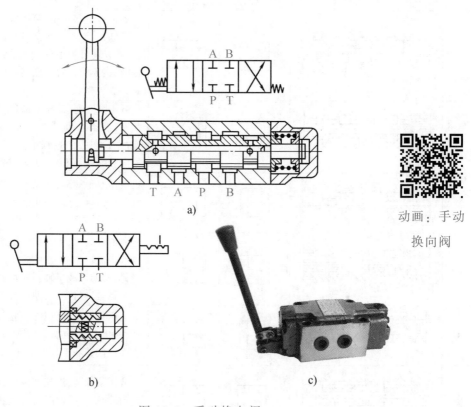

动画：手动
换向阀

图 10-4 手动换向阀

a）自动复位式 b）钢球定位式 c）实物

（2）机动换向阀 机动换向阀是由行程挡块或凸轮推动阀芯实现换向的，又称为行程阀。图 10-5a 所示为机动换向阀的结构。在常态位时，P 口与 A 口不通；当固定在运动部件上的挡块压下滚轮时，阀芯右移，P 口与 A 口相通，阀芯 2 上的轴向孔是泄漏通道。机动换向阀通常是弹簧复位式的二位阀，有二通、三通、四通和五通几种。其中二位二通机动换向阀又分常闭和常开两种。机动换向阀结构简单、动作可靠、换向位置精度高。改变挡块的迎角或凸轮的外形，可使阀芯获得合适的换向速度，减小换向冲击。机动换向阀常用于液压系统的速度换接回路中。图10-5b、c所示分别为其图形符号和实物。

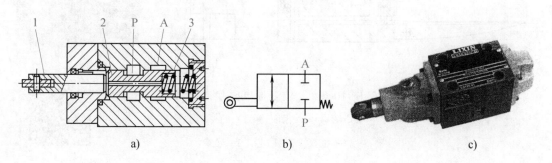

图 10-5　机动换向阀

a）结构　b）图形符号　c）实物

1—滚轮　2—阀芯　3—弹簧

（3）电磁换向阀　电磁换向阀是利用电磁铁的推力使阀芯移动实现换向的。电磁铁按使用电源的不同，分为交流和直流两种。交流电磁铁的使用电压为220V或380V，其优点是电磁吸力大、不需要专门的电源、换向迅速；缺点是起动电流大，在阀芯被卡住时，电磁铁线圈易烧毁，换向冲击大。直流电磁铁的使用电压为24V或36V，其优点是工作可靠、换向冲击小、使用寿命长；缺点是需要直流电源，成本较高。

按电磁铁的铁心是否浸在油里又可分干式和湿式两种。干式电磁铁结构简单、成本低，应用广泛。干式电磁铁不允许油液进入电磁铁内部，因此在推动阀芯的推杆处要有可靠的密封，此密封圈所产生的摩擦力要消耗一部分电磁推力，影响电磁铁的使用寿命。湿式电磁铁可以浸在油液里工作，取消了推杆处的密封，减小了阀芯运动阻力，提高了换向可靠性，电磁铁的使用寿命也大大提高。湿式电磁铁性能好，但价格较高。

图10-6a所示为二位三通电磁换向阀的结构。当电磁铁不通电时，P口与A口相通，B口封闭；当电磁铁通电时，推杆1将阀芯2推向右端，P口与B口相通，A口封闭。图10-6b、c所示分别为其图形符号与实物。

图10-7a所示为三位四通电磁换向阀的结构。当两边电磁铁均不通电时，阀芯在两端对中弹簧的作用下处于中位，油口P、A、B、T均不相通；当左边电磁铁通电，铁心9通过推杆6将阀芯推至右位，则油口P与A相通，B与T相通；

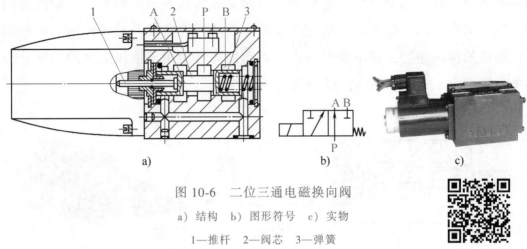

图 10-6 二位三通电磁换向阀

a) 结构 b) 图形符号 c) 实物

1—推杆 2—阀芯 3—弹簧

动画：二位三通
电磁换向阀

当右边电磁铁通电时，阀芯被推至左位，油口 P 与 B 相通，A 与 T 相通。因此，通过控制左、右电磁铁通、断电，就可以控制液流的方向，从而实现执行元件的换向。图 10-7b、c 所示分别为其图形符号与实物。

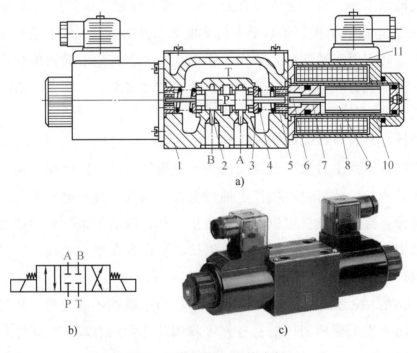

动画：三位四通
电磁换向阀

图 10-7 三位四通电磁换向阀

a) 结构 b) 图形符号 c) 实物

1—阀体 2—阀芯 3—定位套 4—对中弹簧 5—挡圈

6—推杆 7—环 8—线圈 9—铁心 10—导套 11—插头组件

电磁换向阀的优点是动作迅速、操作方便，便于实现自动控制，但电磁铁的吸力有限，所以电磁阀只适用于流量不大的系统。流量大的系统可采用液动或电液换向阀。

　　（4）液动换向阀　　液动换向阀是利用系统中控制油路的压力油来改变阀芯位置的换向阀。图10-8a所示为三位四通液动换向阀的结构。当阀芯两端控制油口 C_1、C_2 都不通入压力油时，阀芯在两端弹簧力的作用下处于中位，此时油口 P、A、B、T 互不相通；当 C_1 口接通压力油，C_2 口接通回油时，阀芯右移，此时 P 与 A 接通，B 与 T 接通；当 C_2 口接通压力油，C_1 口接通回油时，阀芯左移，此时 P 与 B 接通，A 与 T 接通。液动换向阀的优点是结构简单、动作可靠、换向平稳，由于液压驱动力大，故可用于流量大的系统中。图10-8b、c所示分别为其图形符号与实物。

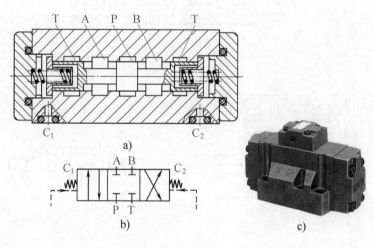

图 10-8　三位四通液动换向阀

a）结构　b）图形符号　c）实物

　　（5）电液换向阀　　电液换向阀是由电磁换向阀和液动换向阀组合而成的。其中，电磁换向阀起先导作用，用来改变液动换向阀控制油路的方向，称为先导阀；液动换向阀实现主油路的换向，称为主阀。

　　图10-9a所示为电液换向阀的结构。当先导阀两边的电磁铁均不通电时，先导阀处于中位，控制油液被切断，主阀阀芯1两端均不通控制压力油，在弹簧的作用下处于中位，此时油口 P、A、B、T 均不相通。当 YA1 通电时，先导阀阀芯5向右移动，来自主阀 P 口或外接油口 P′ 的控制压力油可经先导阀的 A′ 口和左侧的单向阀2进入主阀左端油腔，推动主阀阀芯1向右移动，这时主阀右端油腔的控制油液通过右侧的节流阀7经先导阀的 B′ 口和 T′ 口流回油箱，于是使主阀油口

P 与 A 相通，B 与 T 相通；反之，当 YA2 通电时，使先导阀阀芯 5 向左移动，主阀右端油腔进控制压力油，左端油腔的油液经左侧的节流阀 3 回油箱，使主阀阀芯 1 向左移动，则油口 P 与 B 相通，A 与 T 相通。阀体内的节流阀可用来调节主阀阀芯的移动速度，使其换向平稳，无冲击。图 10-9b、c、d 所示分别为其图形符号与实物。

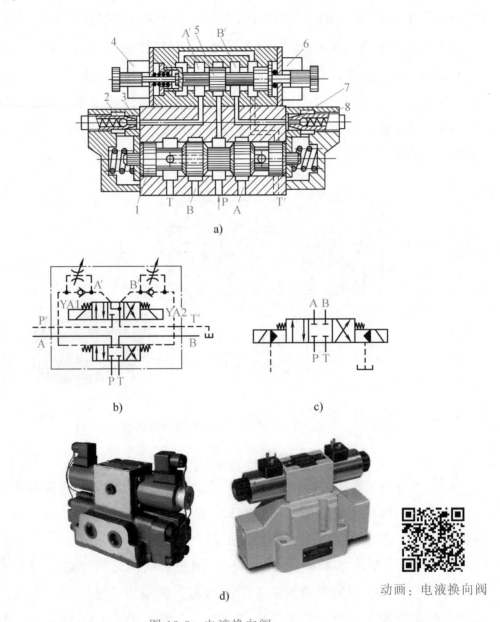

图 10-9　电液换向阀

a）结构　b）图形符号　c）简化图形符号　d）实物

1—主阀阀芯　2、8—单向阀　3、7—节流阀　4、6—电磁铁　5—先导阀阀芯

动画：电液换向阀

>> **注意**

　　1）当主阀为弹簧对中型，先导阀的中位机能必须保证先导阀处于中位时，主阀两端的控制油路卸荷（如电磁阀Y型中位机能），否则主阀无法回到中位。

　　2）控制压力油可来自主油路的P口（内控式），也可以另设独立油源（外控式）。当采用内控式，主油路又有卸荷要求时，必须在P口安装一预控压力阀，以保证最低的控制压力。当采用外控时，独立油源的流量不得小于主阀最大流量的15%，以保证换向时间的要求。

　　电液换向阀综合了电磁阀和液动阀的优点，具有控制方便、通过流量大的特点。

换向阀互相代用练习

　　在大多数情况下，多通阀通过堵塞油口的方法可以当作少通阀使用。如图10-10所示，将二位四通换向阀的A口或B口用油堵堵上，即可得到二位三通换向阀。

图10-10　换向阀互相代用

画一画

　　1）用二位四通换向阀替代图10-11a中的二位三通换向阀使用，画一画图10-11b中的油路连接。

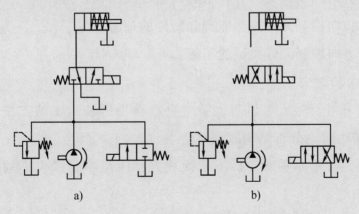

图10-11　用二位四通换向阀替代二位三通换向阀

　　2）用二位五通换向阀替代图10-12a中的二位四通换向阀使用，画一画图10-12b的油路连接。

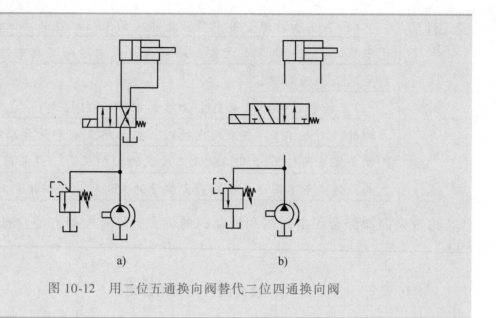

图 10-12　用二位五通换向阀替代二位四通换向阀

想一想

对于弹簧对中型的电液换向阀，其电磁先导阀为什么通常采用 Y 型中位机能？

技能实训 13　液压方向控制阀的拆装

1. 实训目的

1）通过对方向控制阀的拆装，了解其组成及结构特点。

2）加深对方向控制元件工作原理和特性的理解。

3）扩大对方向控制元件类型的了解。

2. 实训要求和方法

1）本实训采用教师重点讲解，学生自己动手拆装为主的方法。学生以小组为单位，边拆装边讨论分析结构原理及特点。

2）拆卸时，将元件零部件拆下依次放好，注意不要散失小的零件，实训完要把每个元件装好。

3）实训后，由教师指定思考题作为本次实训报告内容。

3. 实训内容

1）拆装单向阀。

2）拆装液控单向阀。

3）拆装换向阀。

4）拆装电液换向阀。

4. 实训思考题

（1）单向阀

1）单向阀的用途有哪些？

2）单向阀中的弹簧起何作用？

3）单向阀的阀芯结构有何特点？

（2）液控单向阀

1）液控单向阀的用途有哪些？工作原理是什么？

2）顶杆、活塞、主阀阀芯的作用是什么？

3）当使用控制油口时，控制油的压力是否和主油路的压力一致？

（3）换向阀

1）对照实物说明其换向原理，并指出三位阀的中位机能。

2）推杆与阀芯的连接方式是怎样的？

3）比较三位四通换向阀与三位五通换向阀在结构上的异同。

（4）电液换向阀

1）电液换向阀是由哪两个阀复合而成的？各是何种机能？这两个阀分别接收什么信号？控制什么动作？

2）对照实物说明电液换向阀的工作原理。

3）怎样调节其换向时间？

4）控制压力油有哪两种供油方式？

学习任务2　方向控制回路的组成原理及油路连接

方向控制回路是控制液压系统中执行元件的起动、停止和换向作用的回路。常用的方向控制回路有换向回路、锁紧回路和制动回路，这里主要介绍换向回路和锁紧回路。

一、换向回路

运动部件的换向，一般可采用各种换向阀来实现。在容积调速的闭式回路中，可采用双向变量泵控制供油方向来实现液压缸（或液压马达）换向。由此可见，几乎在每一个液压系统中都包含换向回路。

对于依靠重力或弹簧力回程的单作用液压缸，可以采用二位三通换向阀使其换向。图10-13所示为采用二位三通换向阀使单作用液压缸换向的回路。当电磁铁通电时，液压泵输出的油液经换向阀进入液压缸左腔，活塞向右运动；当电磁铁断电时，液压缸左腔的油液经换向阀回油箱，活塞在弹簧力的作用下向左返回，从而实现了液压缸的换向。

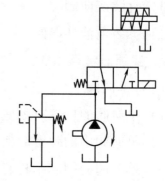

图10-13　采用二位三通换向阀使单作用液压缸换向的回路

换向回路中换向阀的选择：

（1）位数和通路数的选择　对于依靠重力或弹簧力返回的单作用液压缸，采用二位三通换向阀即可换向。如果只要求接通或切断油路，可采用二位二通换向阀。

对于双作用液压缸，若执行元件不要求中途停止，可采用二位四通或二位五通换向阀，即可实现正、反向运动；若执行元件要求有中途停止或有特殊要求，则采用三位四通或三位五通换向阀，并注意三位阀中位机能的选择。

（2）换向阀操纵方式的选择　自动化程度要求较高的采用电磁换向阀或电液换向阀；流量较大、换向平稳性要求较高的系统，可采用手动阀或机动阀作先导阀；以液动阀为主阀的换向回路，可采用电液换向阀。

二、锁紧回路

锁紧回路的功能是通过切断执行元件的进、回油通道来使它停留在任意位置，并防止停止运动后因外力作用而发生移动。使执行元件实现锁紧的方法有：

1）最简单的方法是采用O型或M型中位机能的三位换向阀，当阀芯处于中位时，执行元件的进、出油口均被封闭，可使执行元件在行程任意位置停止。但由于滑阀的泄漏，不能长时间保持停止位置不动，锁紧精度不高。

2）图10-14所示为采用液控单向阀（又称

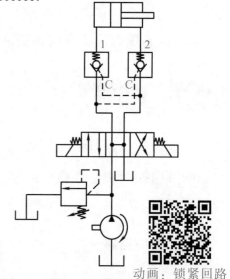

动画：锁紧回路

图10-14　锁紧回路

1、2—液控单向阀

液压锁）作锁紧元件的锁紧回路，当换向阀处于左位时，压力油经液控单向阀 1 进入液压缸左腔，同时压力油也进入液控单向阀 2 的控制口 C，打开液控单向阀 2，使缸右腔的回油经液控单向阀 2 及换向阀流回油箱，活塞向右运动。反之，活塞向左运动。如果需要任意位置停止，只要使换向阀回到中位，因阀的中位机能为 H 型（或 Y 型），从而使液控单向阀的控制口 C 卸压，液控单向阀 1 和 2 立即关闭，使活塞双向锁紧。由于液控单向阀的密封性好，泄漏少，可较长时间锁紧，锁紧精度只受液压缸的泄漏和油液可压缩性的影响。这种回路常用于工程机械、起重运输机械和飞机起落架的收放机构上。

想一想

试分析图 10-15 所示的四种换向回路中哪些回路能正常工作，理由是什么？

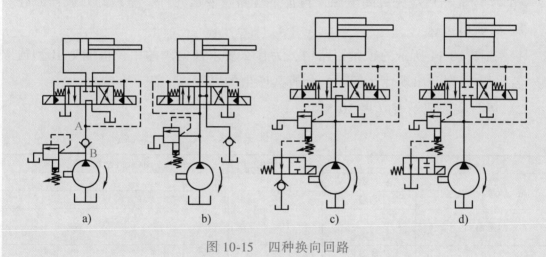

a)　　　　　　　　　b)　　　　　　　　　c)　　　　　　　　　d)

图 10-15　四种换向回路

技能实训 14　液压方向控制回路的连接与调试

1. 实训目的

1）加深对液压方向阀工作原理及使用性能的理解。

2）能够完成方向控制回路的连接与调试，培养学生连接回路的能力。

2. 实训内容及步骤

图 10-14 所示为采用液控单向阀的锁紧回路，通过选用不同三位阀的中位机能，观察液压缸运动情况及锁紧精度变化。

1）按回路图的要求选取所需的液压元件和辅助元件。

2）将选好的液压元件安装在实训台的适当位置上，通过管接头和管路按回路要求进行油路连接，电路连接，并检查油路和电路连接是否正确可靠。

3）油路和电路连接确保无误后，方可打开电源，起动液压泵，调试回路系统。

4）控制三位四通电磁换向阀左、右电磁铁通、断电及左、右电磁铁均断电，观察液压缸运动情况及锁紧精度。

5）将回路中的液压缸改为垂直安装，重复步骤4），观察液压缸运动情况及锁紧精度。

6）将回路中的H型中位机能三位四通换向阀换成M型或O型中位机能的换向阀，重新安装，重复步骤4），观察液压缸运动情况及锁紧精度，记录回路出现的问题。

7）实训完毕后应先关闭电源，再拆下管路及液压元件，整理好并放回原处。

3．实训思考题

1）在图10-14所示的锁紧回路中，为什么要求换向阀的中位机能为H型或Y型？若采用M型会出现什么问题？分析其产生的原因。

2）填写实训记录表（表10-5）。

表10-5　实训记录表

工　况	电磁铁	通、断电	油液流动路线
活塞左行	左电磁铁		
	右电磁铁		
活塞右行	左电磁铁		
	右电磁铁		
活塞停止	左电磁铁		
	右电磁铁		

学习任务3　压力控制阀的工作原理及选用

控制和调节液压系统油液压力或利用油液压力作为信号控制其他元件动作的阀称为压力控制阀，如溢流阀、减压阀、顺序阀和压力继电器等。

压力控制阀的共同特点是：利用作用在阀芯上的液压力和弹簧力相平衡的原理进行工作。

一、溢流阀

溢流阀是通过其阀口的溢流使被控系统或回路的压力维持恒定，从而实现稳压、调压或限压作用。

对溢流阀的主要要求是调压范围大、调压偏差小、压力振摆小、动作灵敏、通流能力强及噪声小。溢流阀按其结构和工作原理可分为直动式溢流阀和先导式溢流阀。

1. 直动式溢流阀的结构和工作原理

图 10-16a 所示为直动式溢流阀的结构。P 是进油口，T 是回油口，进口压力油经阀芯 4 上的径向孔 f、轴向阻尼孔 g 进入阀芯底端 c 腔。当进油压力较低，向上的液压力不足以克服弹簧的预紧力时，阀芯处于最下端位置，将 P 和 T 两油口隔开，阀处于关闭状态。当进口压力升高，在阀芯下端产生的作用力超过弹簧的预紧力时，阀芯上移，阀口被打开，将多余的油液由 P 口经 T 口排回油箱，溢流阀溢流。这样，被控制的油液压力就不再升高，使阀芯处于某一平衡位置。

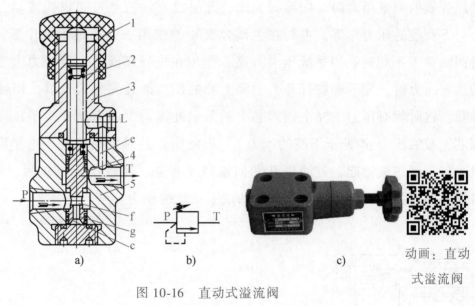

图 10-16　直动式溢流阀

a）结构　b）图形符号　c）实物

1—螺母　2—弹簧　3—上盖　4—阀芯　5—阀体

动画：直动式溢流阀

进口处的油液压力的大小就由弹簧力来决定。调节螺母 1 可以改变弹簧的预紧力，从而也就调整了溢流阀进口处的油液压力，并使其稳定在所调定的数值上。最大调整压力为 2.5MPa。

当通过溢流阀的流量改变时，阀口开度也改变，但因阀芯移动量很小，作用在阀芯上的弹簧力变化很小，因此可以认为，只要阀口打开有溢流，其进口处的压力 p 基本上就是恒定的。阀芯上的阻尼孔 g 对阀芯的运动起到阻尼作用，从而可避免阀芯产生振动，提高阀的工作稳定性。

直动式溢流阀是利用液压力直接和弹簧力相平衡的原理来进行压力控制的。直动式溢流阀只适用于系统压力较低、流量不大的场合。图 10-16b、c 所示分别为其图形符号与实物。

2. 先导式溢流阀的结构和工作原理

先导式溢流阀由先导阀和主阀两部分组成。先导阀一般为小规格的锥阀，其内的弹簧为调压弹簧，用来调定主阀的溢流压力。主阀用于控制主油路的溢流，有各种结构形式，主阀内的弹簧为平衡弹簧，其刚度很小，仅是为了克服摩擦力使主阀阀芯及时复位而设置的。图 10-17a 所示为 Y 型溢流阀。油液通过进油口 P 进入后，经主阀阀芯 5 的轴向孔 g 进入阀芯下腔，同时油液又经阻尼孔 e 进入主阀阀芯 5 的上腔，并经 b 孔、a 孔作用于先导阀阀芯 3 上。当系统压力低于先导阀调压弹簧的调定压力时，先导阀关闭，此时没有油液经过阻尼孔流动，主阀阀芯上、下两腔的压力相等，主阀在主阀弹簧 4 的作用下处于最下端位置，进油口 P 与回油口 T 不相通。当系统压力升高，作用在先导阀阀芯上液压力大于调压弹簧的调定压力时，先导阀被打开，主阀上腔的压力油经先导阀开口、回油口 T 流回油箱。这时就有压力油经主阀阀芯上的阻尼孔流动，因而就产生了压降，使主阀阀芯上腔的压力 p_1 低于下腔的压力 p。当此压力差对主阀芯所产生作用力超过弹簧力时，阀芯被抬起，进油口 P 和回油口 T 相通，实现了溢流作用。调节螺母 1 可调节调压弹簧 2 的预紧力，从而调定了系统的压力。

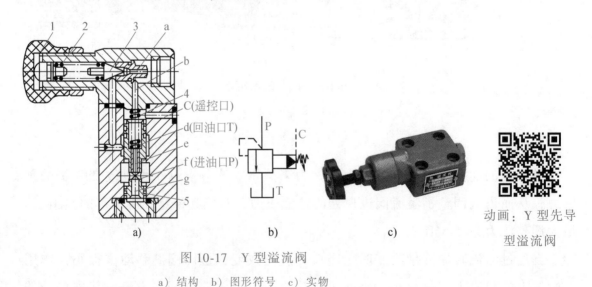

图 10-17　Y 型溢流阀

a）结构　b）图形符号　c）实物

1—螺母　2—调压弹簧　3—先导阀阀芯　4—主阀弹簧　5—主阀阀芯

先导式溢流阀是利用主阀上、下两端的压差所形成的作用力和弹簧力相平衡的原理进行压力控制的。由于主阀上腔存在有压力 p_1，所以主阀弹簧 4 的刚度可以较小，弹簧力的变化也较小，当先导阀的调压弹簧调整好以后，p_1 基本上是定值。当溢流量变化较大时，阀口开度可以上下波动，但进口处的压力 p 变化较小，这就克服了直动式溢流阀的缺点。同时先导阀的承压面积一般较小，调压弹簧 2 的刚度也不大，因此调压比较轻便。先导式溢流阀工作时振动小，噪声低，压力稳定，但反应不如直动式溢流阀快。先导式溢流阀适用于中、高压系统。Y 型溢流阀的公称压力为 6.3MPa。

　　图 10-18 和图 10-19 所示分别为两级同心式和三级同心式溢流阀。它们属于高压溢流阀，其公称压力均为 32MPa。

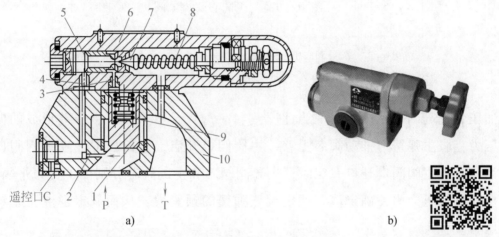

图 10-18　两级同心式溢流阀

a）结构　b）实物

动画：两级同心式先导型溢流阀

1—主阀阀芯　2、3、4—阻尼孔　5—先导阀座　6—先导阀阀体
7—先导阀阀芯　8—调压弹簧　9—主阀弹簧　10—阀体

　　如图 10-18 和图 10-19 所示，当先导式溢流阀的进口接压力油时，压力油除直接作用在主阀阀芯的下端外，还经过主阀阀芯内的阻尼孔 2 和 4（图 10-18）或图 10-19 阀体中的阻尼孔 5 引到先导阀阀芯的前端，对先导阀阀芯产生一个液压力。若液压力小于先导阀阀芯另一端的弹簧力，则先导阀关闭，主阀阀芯上、下两腔压力相等，主阀阀芯在主阀弹簧的作用下处于最下端，主阀阀口关闭。当进口压力升高至大于弹簧力时，先导阀阀口打开，进口压力油经阻尼孔、先导阀开口和回油口 T 流回油箱。这时，由于阻尼孔的作用产生了压降，使主阀阀芯上端

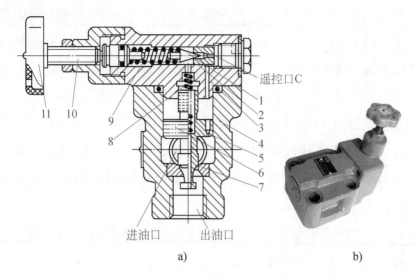

图 10-19　三级同心式溢流阀

a）结构　b）实物

1—先导阀　2—先导阀阀座　3—阀盖　4—阀体　5—阻尼孔　6—主阀阀芯

7—主阀阀座　8—主阀弹簧　9—调压弹簧　10—调节螺钉　11—调节手轮

的油压 p_1 小于下端的油压 p。当此压差（$p-p_1$）足够大时，由压差形成的向上的液压力克服主弹簧力推动阀芯上移，主阀阀口开启，进口压力油经主阀阀口溢流回油箱。当主阀阀口开口一定时，先导阀阀芯和主阀阀芯分别处于受力平衡状态，使主阀进口压力为一确定值。调定调压弹簧的预紧力，从而调定了液压系统的工作压力。

想一想

1）若先导式溢流阀主阀阀芯上的阻尼孔堵塞了，会出现什么故障？若先导阀阀座上的进油小孔堵塞了，又会出现什么故障？

2）若先导式溢流阀主阀阀芯上的阻尼孔脱落到主阀阀芯上腔或未装阻尼孔，在使用中会出现什么问题？

3. 溢流阀的应用

溢流阀在液压系统中常用来组成调压回路，使液压系统整体或部分的压力保持恒定或不超过某个数值。

（1）调压溢流　如图 10-20 所示，在采用定量泵供油的节流调速系统中，泵的一部分油液进入液压缸，而多余的油液从溢流阀溢回油箱。溢流阀处于其调定压力下的常开状态，液压泵的工作压力取决于溢流阀的调定压力，且基本保持恒定。

（2）安全保护　如图 10-21 所示，系统采用变量泵供油，系统内无多余的油液需溢流，泵的工作压力由负载决定，用溢流阀限制系统的最高压力。系统在正常工作状态下，溢流阀阀口关闭，当系统过载时才打开，以保证系统的安全，故称其为安全阀。

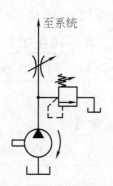

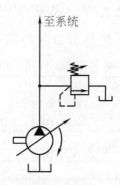

图 10-20　定量泵系统溢流调压

图 10-21　变量泵系统的安全限压

（3）使泵卸荷　图 10-22 所示为用先导式溢流阀的卸荷回路。用二位二通换向阀将先导式溢流阀的遥控口 C 和油箱接通，当电磁铁 YA1 通电时，溢流阀遥控口 C 通油箱，这时溢流阀阀口全开，泵输出的油液全部回油箱，使液压泵卸荷，以减少功率损耗。目前已有将溢流阀和微型电磁阀组合在一起的电磁溢流阀，其管路连接更为简便。

（4）作背压阀　如图 10-23 所示，将溢流阀设置在回油路上，可产生背压，提高运动部件运动的平稳性。这种用途的阀可称为背压阀。在此可选用直动式低压溢流阀。

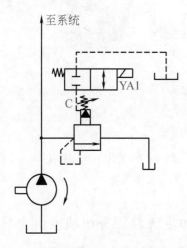

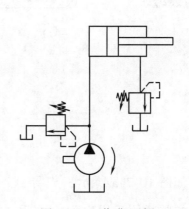

图 10-22　用先导式溢流阀的卸荷回路

图 10-23　作背压阀

二、减压阀

减压阀是一种利用液流通过缝隙产生压降的原理，使出口压力低于进口压力的压力控制阀。

1. 结构和工作原理

减压阀分为直动式和先导式两种，其中先导式减压阀（图 10-24）应用较广。减压阀的主要组成部分与溢流阀相同，外形也相似，二者不同点如下：

1）主阀阀芯结构不同，溢流阀主阀阀芯有两个台肩，而减压阀主阀阀芯有三个台肩。

2）常态下，溢流阀进、出口是常闭的，减压阀是常开的。

3）控制阀口开启的油液：溢流阀来自进口油压 p_1，保证进口压力恒定；减压阀来自出口油压 p_2，保证出口压力恒定。

4）溢流阀先导阀弹簧腔的油液在阀体内引至回油口（内泄式）；减压阀其出口油液接通执行元件，因此泄漏油需单独引回油箱（外泄式）。

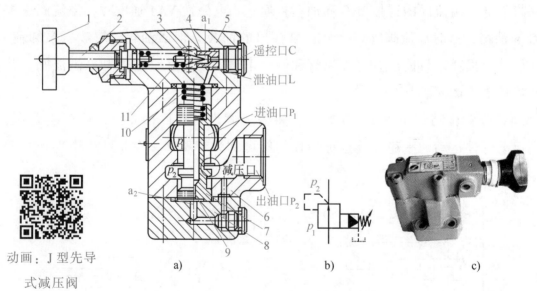

动画：J 型先导式减压阀

图 10-24　先导式减压阀

a）结构　b）图形符号　c）实物

1—调压手轮　2—调节螺钉　3—锥阀　4—锥阀座　5—阀盖　6—阀体　7—主阀阀芯
8—端盖　9—阻尼孔　10—主阀弹簧　11—调压弹簧

如图 10-24a 所示，先导式减压阀由先导阀和主阀两部分组成，由先导阀调压，主阀减压。压力为 p_1 的压力油从进口流入，经主阀阀口（减压缝隙）减压后

压力为 p_2 并从出口流出，同时压力为 p_2 的油液经孔 a_2 流入阀芯下腔，并通过阻尼孔 9 流入阀芯上腔，经孔 a_1 作用在锥阀 3 上。当负载较小，出口压力 p_2 低于调定压力时，先导阀关闭，由于阻尼孔 9 内没有油液流动，所以主阀阀芯上、下两腔油压相等，主阀阀芯在弹簧作用下处于最下端，减压阀阀口全开，不起减压作用。当出口油压 p_2 超过调定压力时，先导阀被打开，因阻尼孔的降压作用，主阀上、下两腔产生压差，主阀阀芯在压差作用下克服弹簧力向上移动，减压阀阀口减小，起减压作用。当出口压力下降到调定值时，先导阀阀芯和主阀阀芯同时处于受力平衡状态，出口压力稳定不变，等于调定压力。如果由于干扰使进口压力 p_1 升高，则在主阀阀芯未来得及反应时 p_2 也升高，使主阀阀芯上移，减压阀阀口关小，压降增大，出口压力 p_2 又下降，从而使主阀阀芯在新的位置上达到平衡，而出口压力 p_2 基本维持不变。由于工作过程中，减压阀的开口能随进口压力的变化而自动调节，因此能自动保持出口压力恒定。调节调压弹簧 11 的预紧力即可调节减压阀的出口压力。图 10-24b、c 所示分别为先导式减压阀的图形符号与实物。

2. 减压阀的应用

减压回路的作用是使系统中某一支路上获得比溢流阀的调定压力低且稳定的工作压力。如工件夹紧油路、控制油路、润滑油路中的工作压力常需低于主油路的压力，所以常采用减压回路。

图 10-25 所示为常用减压回路。液压泵的供油压力根据主系统的负载要求由溢流阀 1 调定，夹紧缸所需的压力由减压阀 2 调节。

单向阀的作用：当主油路压力低于减压阀的调定值时，防止夹紧缸的压力受其干扰，使夹紧油路和主油路隔开，实现短时间保压。

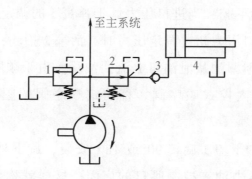

图 10-25　常用减压回路

1—溢流阀　2—减压阀　3—单向阀　4—液压缸

动画：定值减压阀减压回路

设计减压回路时应注意以下事项：

>> **注意**

1）为了确保安全，减压回路中的换向阀可选用带定位式的电磁换向阀，如用普通电磁换向阀应设计成断电夹紧。

2）为了使减压回路可靠地工作，减压阀的最低调整压力不应小于 0.5MPa，最高调整压力至少应比系统压力低一定的数值，中压系统约低 0.5MPa，中高压系统约低 1MPa。

3）当减压回路中的执行元件需要调速时，调速元件应放在减压阀的后面，以免减压阀的泄漏

想一想

如果减压阀的出口被堵住，则减压阀处于何种工作状态？

三、顺序阀

顺序阀是以压力作为控制信号，自动接通或切断某油路的压力阀。顺序阀常用来控制液压系统中各执行元件动作的先后顺序。

顺序阀按控制方式的不同，分为内控式顺序阀（简称顺序阀）和外控式顺序阀（称液控式顺序阀）。按结构形式的不同，分为直动式和先导式，直动式用于低压系统，先导式用于中高压系统。

1. 结构和工作原理

图 10-26 所示为直动式顺序阀。压力油从进油口 P_1 进入，经阀体 3 和下盖 1 上的通道进入活塞 2 的下腔，当进口压力低于弹簧 5 的调定压力时，进油口 P_1 与出油口 P_2 不通。当进口压力超过调定压力时，活塞 2 抬起，将阀芯 4 顶起，使 P_1 与 P_2 接通，弹簧腔的泄漏油从泄油口 L 流回油箱。由于顺序阀的控制油直接从进油口 P_1 引入，故称为内控式顺序阀。直动式顺序阀的图形符号与实物分别如图 10-26b、e 所示。

若将图 10-26a 中的下盖 1 旋转 90°或 180°安装，旋下外控口 C 上的螺塞，并向外控口 C 引入控制压力油来控制阀口的启闭，这样就构成了外控式（液控式）顺序阀，其图形符号如图 10-26c 所示。

液控式顺序阀阀口的开启和闭合与阀的主油路进口压力无关，而只取决于外控口 C 引入的控制压力。

若将图 10-26a 中的上盖 6 旋转 90°或 180°安装，使泄油口 L 与出油口 P₂ 相通，并将外泄油口 L 堵死，便成为外控内泄式顺序阀，阀出口接油箱，常用于使泵卸荷，故称为卸荷阀，图形符号如图 10-26d 所示。

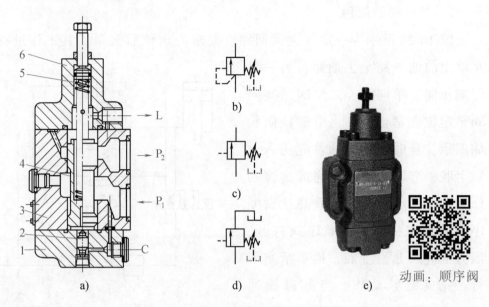

动画：顺序阀

图 10-26   直动式顺序阀

a）结构　b）图形符号　c）液控式顺序阀图形符号　d）卸荷阀图形符号　e）实物

1—下盖　2—活塞　3—阀体　4—阀芯　5—弹簧　6—上盖

图 10-27a 所示为先导式顺序阀的结构，该阀由主阀和先导阀组成。压力油从进油口 P₁ 流入，经通道进入先导阀下端，经阻尼孔和先导阀后由外泄油口 L 流回油箱。当系统压力不高时，先导阀关闭，主阀阀芯两端压力相等，复位弹簧将阀

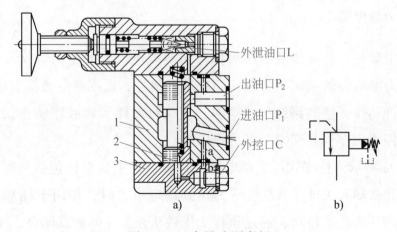

图 10-27   先导式顺序阀

a）结构　b）图形符号

1—阀体　2—阻尼孔　3—下盖

芯推向下端,顺序阀进、出油口关闭;当压力达到调定值时,先导阀打开,压力油经阻尼孔产生压降,使主阀两端形成压差,此压差克服弹簧力,使主阀阀芯抬起,进、出油口打开。图 10-27b 所示为先导式顺序阀的图形符号。

2. 顺序阀的应用

图 10-28 所示为一定位夹紧回路。要求先定位后夹紧,其工作过程为:液压泵输出的油一路至主油路,另一路经减压阀、单向阀、二位四通换向阀至定位夹紧油路。当电磁换向阀如图示位置时,液压油首先进入 A 缸上腔,推动活塞下行完成定位动作,定位完成后,油压升高达到顺序阀的调定压力时,顺序阀打开,压力油进入 B 缸上腔,推动活塞下行,完成夹紧动作。当电磁铁通电,换向阀换向后,两个液压缸可同时返回。用顺序阀控制的顺序动作回路的可靠性在很大程度上取决于顺序阀的性能及其压力调整值。

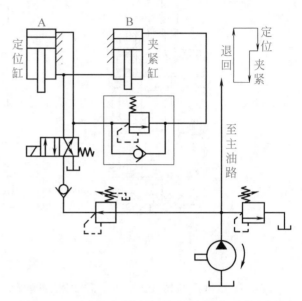

图 10-28　用单向顺序阀控制的顺序动作回路

顺序阀的调整压力应比先动作的液压缸的工作压力高 10% ~ 15%,以免系统压力波动时,产生误动作。

四、压力继电器

压力继电器是一种将油液的压力信号转换成电信号的电液转换元件。当油液压力达到压力继电器的调定压力时,即发出电信号,以控制电磁铁、电磁离合器、继电器等元件动作,使油路卸压、换向,使执行元件实现顺序动作,或关闭电动机,使系统停止工作,起到安全保护作用等。

图 10-29a 所示为柱塞式压力继电器的结构。其主要零件包括柱塞 1、顶杆 2、调节螺钉 3 和微动开关 4。当系统压力达到调定压力时,作用于柱塞上的液压力克服弹簧力,柱塞向上移动,通过顶杆 2 使微动开关 4 的触点闭合,发出电信号。图 10-29b、c 所示分别为其图形符号与实物。

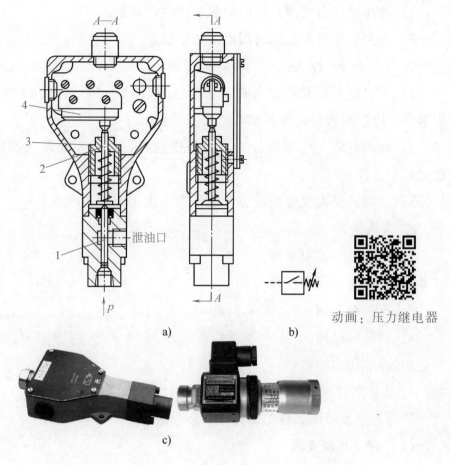

泄油口

动画：压力继电器

图 10-29 柱塞式压力继电器

a）结构 b）图形符号 c）实物

1—柱塞 2—顶杆 3—调节螺钉 4—微动开关

判别压力阀的种类练习

当压力阀的铭牌丢失或不清楚时，在不拆卸的情况下，如何判别溢流阀、减压阀及顺序阀？

想一想

能否将溢流阀当作顺序阀使用？为什么？

技能实训 15 液压压力控制阀的拆装

1. 实训目的

1）通过对压力控制阀的拆装，了解其组成与结构特点。

2）加深对压力控制元件的原理和特性的理解。

3）扩大学生对压力控制阀类型的了解。

2．实训要求和方法

1）本实训采用教师重点讲解，学生自己动手拆装为主的方法。学生以小组为单位，边拆装边讨论分析结构原理及特点。

2）拆卸时将元件零部件拆下并依次放好，注意不要散失小的零件，实训完要把每个元件装好。

3）实训后，由教师指定思考题作为本次实训报告内容。

3．实训内容

1）拆装直动式溢流阀。

2）拆装先导式溢流阀。

3）拆装减压阀。

4）拆装顺序阀。

5）拆装压力继电器。

4．实训思考题

针对各主要液压元件的结构提出以下思考题：

（1）直动式溢流阀

1）直动式溢流阀阀芯上的阻尼孔起什么作用？它若被堵塞将会出现什么问题？

2）在组装阀盖的过程中，若没有把弹簧腔和回油口接通，将会出现什么现象？

3）若将进、出油口接反了，将会出现什么问题？调压弹簧卡死了又会怎样？

（2）先导式溢流阀

1）对照实物分析先导式溢流阀的工作原理。

2）此阀是由哪两部分组成的？并分析各零部件的作用。

3）主阀上的阻尼孔起什么作用？

4）观察远程控制口的位置，分析如何通过此口来实现远程调压和卸荷。

5）比较先导式溢流阀和直动式溢流阀的结构，并分析其优缺点。

（3）减压阀

1）分析减压阀与溢流阀的结构区别。

2）对照实物分析减压阀的工作原理。

3）为什么减压阀的弹簧腔不能与出口相通？其 L 口没接回油会怎样？

4）进、出口接反会怎样？

（4）顺序阀

1）观察此阀和溢流阀在结构上的异同点。

2）在非工作状态下，阀口是常开还是常闭的？

3）阀芯和阀体的油口之间是否有封油长度？和溢流阀相比，封油长度是较长，还是较短？为什么？

4）控制阀阀芯抬起的油液来自阀体的进油口还是出油口？

5）泄油口的连接方式是内泄还是外泄？为什么？

（5）压力继电器

1）对照实物讲述压力继电器是如何将液体的压力信号转换为电信号的。

2）在压力继电器结构中设置泄油口的目的是什么？

学习任务 4　压力控制回路的组成原理及油路连接

压力控制回路是利用压力控制阀来控制整个液压系统或局部油路的压力，达到调压、保压、卸荷、减压、增压、平衡等目的，以满足执行元件对力或力矩的要求。

一、调压回路

调压回路的功用是调定或限制液压系统的最高压力，或者使执行元件在工作过程中的不同阶段实现多级压力转换。

1. 远程调压回路

当系统需要随时调整压力时，可采用远程调压回路。如图 10-30 所示，在主溢流阀 1 的遥控口 C 上接一远程调压阀（或小流量溢流阀）2。将主溢流阀 1 的压力调到系统的最大安全压力值，则系统的压力可由远程调压阀 2 远程调节控制。当主阀阀芯上腔油压达到远程调压阀的调整压力时，远程调压阀 2 的锥阀便打开，主阀阀芯即可抬起溢流，其主溢流阀 1 的先导阀不打开，此时系统的压力取决于远程调压阀 2 的调定值。

>> **注意** | 主溢流阀 1 的调定压力必须大于远程调压阀 2 的调整压力。

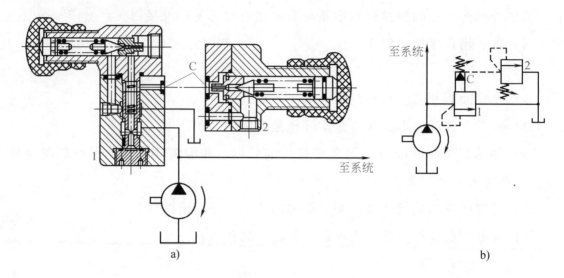

图 10-30　远程调压

a）结构　b）回路图

1—主溢流阀　2—远程调压阀

2. 多级调压回路

图 10-31 所示为三级调压回路。当系统需多级压力控制时，可将主溢流阀 1 的遥控口通过三位四通换向阀 4 分别接具有不同调定压力的远程调压阀 2 和 3，使系统获得三种压力调定值；三位四通换向阀 4 左位工作时，系统压力由远程调压阀 2 调定；三位四通换向阀 4 右位工作时，系统压力由远程调压阀 3 调定；三位四通换向阀 4 处于中位时为系统的最高压力，由主溢流阀 1 调定。

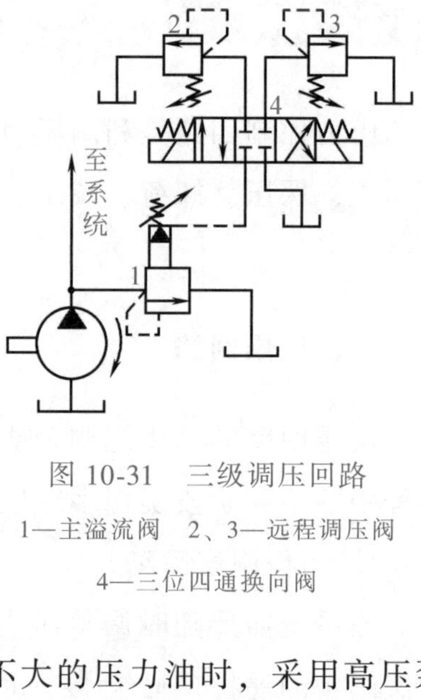

图 10-31　三级调压回路

1—主溢流阀　2、3—远程调压阀

4—三位四通换向阀

二、增压回路

当液压系统中某一支路需要压力较高但流量又不大的压力油时，采用高压泵不经济，可采用增压回路。图 10-32 所示为采用增压缸的单作用增压回路。当换向阀处于右位时，增压缸 1 输出压力为 $p_2 = p_1 A_1 / A_2$ 的压力油进入工作缸 2；换向阀处于图示位置时，增压缸活塞左移，工作缸靠弹簧复位，油箱 3 经单向阀向增压缸右腔补油。这种回路不能获得连续的高压油。当工作缸行程长、需要连续的高压油时，可采用双作用增压器。

增压回路利用压力较低的液压泵，获得了压力较高的液压油，节省能源损耗，而且系统工作可靠、噪声小。

三、卸荷回路

卸荷回路是在系统执行元件短时间停止工作期间，不需频繁起停驱动泵的电动机，而使泵在很小的输出功率下运转的回路。因泵的输出功率等于压力和流量的乘积，两者之中只要有一个参数近似为零就可使泵卸荷，以减少油液发热和功率损失。液压泵的卸荷方式有流量卸荷和压力卸荷两种。流量卸荷是使泵的流量接近零，而压力仍维持原来的数值，这种方法

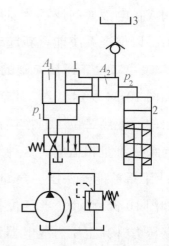

图 10-32 采用增压缸的增压回路
1—增压缸 2—工作缸 3—油箱

主要用于变量泵，使泵仅为补偿泄漏而以最小流量运转，此方法简单，但泵处于高压状态下运转，磨损较严重；压力卸荷是将泵的出口直接接回油箱，泵在零压或接近零压下运转。

1. 采用换向阀中位机能的卸荷回路

如图 10-33a 所示，当阀的中位机能为 M、H 或 K 型的三位换向阀处于中位时，泵输出的油液直接回油箱，泵即卸荷。这种卸荷方法比较简单，但只适用于单执行元件系统和流量较小的场合，且换向阀切换时压力冲击较大。当系统流量较大时，可用电液换向阀来卸荷，如图 10-33b 所示。但使用时应在泵的出口设置

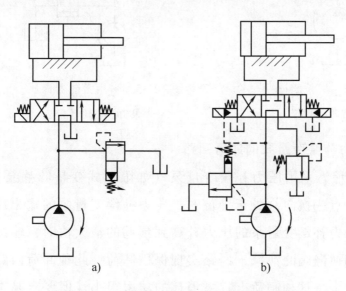

a)   b)

动画：采用换向
阀中位机能
卸荷回路

图 10-33 采用换向阀中位机能卸荷回路

a）采用电磁换向阀卸荷 b）采用电液换向阀卸荷

单向阀或在电液换向阀的回油口设置背压阀，使泵卸荷时仍能保持 0.3~0.5MPa 的压力，以保证系统能重新起动。

2. 采用二位二通换向阀的卸荷回路

如图 10-34 所示，当工作部件停止运动时，二位二通换向阀的电磁铁通电，泵输出的油液经二位二通换向阀回油箱，使泵卸荷。二位二通换向阀的流量规格必须与泵的流量相适应。这种卸荷方法只适用于流量小于 40L/min 的场合。

3. 采用蓄能器保压、泵卸荷的回路

如图 10-35 所示，当三位换向阀左位工作时，液压缸向右运动而夹紧工件，进油路压力升高至压力继电器调定值时，压力继电器发信号使二位换向阀的电磁铁通电，液压泵卸荷，单向阀自动关闭，液压缸则由蓄能器持续补油保压。当液压缸压力不足时，压力继电器复位，使液压泵重新向系统及蓄能器供油。保压时间长短取决于蓄能器的容量。此回路适用于保压时间长、要求功率损失小的场合。

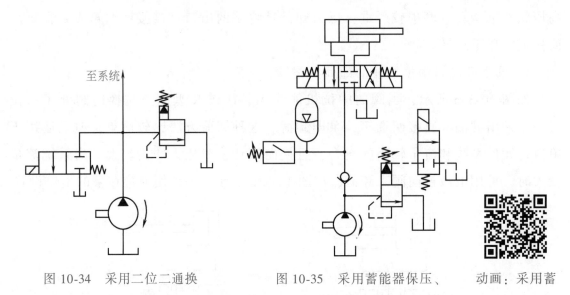

图 10-34　采用二位二通换
向阀的卸荷回路

图 10-35　采用蓄能器保压、
泵卸荷的回路

动画：采用蓄
能器保压、泵
卸荷回路

4. 采用压力补偿变量泵的卸荷回路

图 10-36 所示为采用压力补偿变量泵（如限压式变量叶片泵）卸荷的回路。当活塞运动到终点或换向阀处于中位时，压力补偿变量泵的输出压力升高，输出流量减小，当压力补偿变量泵的压力升高到预调的最大值时，输出流量减小到只需补充液压缸和换向阀的泄漏，回路实现保压卸荷。此种卸荷回路属于流量卸荷方式。从原理上讲，这种卸荷方式泵消耗的功率很小，但要求泵本身具有较高的效率。

四、平衡回路

1. 采用单向顺序阀的平衡回路

如图 10-37a 所示,调整顺序阀的开启压力,使其与液压缸下腔作用面积的乘积稍大于垂直运动部件的重力,即可防止活塞因重力而产生下滑。当电磁阀处于左位使活塞下行时,回路上将产生一定的背压,使运动平稳;当电磁阀处于中位时,活塞停止运动。

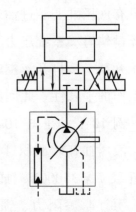

图 10-36 采用压力补偿
变量泵的卸荷回路

回路特点及应用:顺序阀的压力调定后,若工作负载变小,则系统的功率损失将增加;由于顺序阀和换向阀存在泄漏,活塞不可能长时间停在任意位置上。该回路适用于工作负载固定且活塞锁紧精度要求不高的场合。

2. 采用液控顺序阀的平衡回路

如图 10-37b 所示,当电磁阀处于左位时,压力油进入液压缸上腔,并进入液控顺序阀的控制口,打开顺序阀使背压消失。当电磁阀处于中位时,液压缸上腔卸压,使液控顺序阀迅速关闭以防止活塞和工作部件因自重下降,并被锁紧。

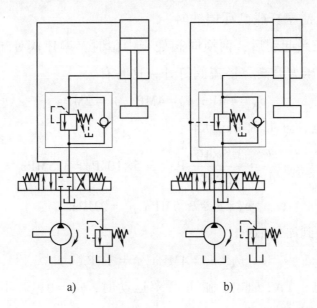

a)   b)

图 10-37 平衡回路

a) 采用单向顺序阀的平衡回路   b) 采用液控顺序阀的平衡回路

回路特点及应用:液控顺序阀的启闭取决于控制口的油压,回路的效率较高;

当只有液压缸上腔进油时，活塞才下行，比较可靠；当由于运动部件重力作用而下降过快时，系统压力下降，使液控顺序阀关闭，活塞停止下行，使液压缸上腔油压升高，又打开液控顺序阀，液控顺序阀始终工作在启闭的过渡状态，因而影响工作的平稳性。此回路适用于运动部件质量不是很大、停留时间较短的系统。

例 10-1 在图 10-38 所示液压系统中，液压缸有效面积 $A_1 = A_2 = 100\text{cm}^2$，缸 I 负载 $F = 35000\text{N}$，缸 II 运动时负载为零。不计摩擦阻力、惯性力和管路损失。溢流阀、顺序阀和减压阀的调整压力分别为 4MPa、3MPa 和 2MPa。求在下列三种工况下 A、B、C 三点处的压力。

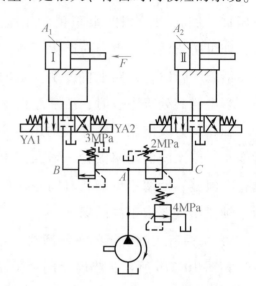

图 10-38 例 10-1 图

（1）液压泵起动后，两换向阀处于中位。

（2）电磁铁 YA1 通电，缸 I 活塞运动时及运动到终端后。

（3）电磁铁 YA1 断电、YA2 通电，缸 II 活塞运动时及活塞杆碰到死挡铁时。

解：（1）液压泵起动后，两换向阀处于中位时：顺序阀处于打开状态，减压阀阀口关小，A 点压力升高，溢流阀打开，这时有

$$p_A = 4\text{MPa}, p_B = 4\text{MPa}, p_C = 2\text{MPa}$$

（2）YA1 通电，缸 I 活塞运动时：

$$p_B = \frac{F}{A_1} = \frac{3.5 \times 10^4}{100 \times 10^{-4}}\text{Pa} = 3.5 \times 10^6\text{Pa} = 3.5\text{MPa}$$

$$p_A = p_B = 3.5\text{MPa}, p_C = 2\text{MPa}$$

缸 I 活塞运动到终端后：

$$p_A = p_B = 4\text{MPa}, p_C = 2\text{MPa}$$

（3）YA1 断电，YA2 通电，缸 II 活塞运动时，$p_C = 0$，若不考虑油液流经减压阀的压力损失，则

$$p_A = p_B = 0$$

缸 II 活塞碰到死挡铁时：

$$p_C = 2\text{MPa}, p_A = p_B = 4\text{MPa}$$

技能实训 16　液压压力控制回路的连接与调试

1. 实训目的

1）熟悉调压回路和卸荷回路的组成及工作特点。

2）掌握调压回路和卸荷回路的连接及压力调整。

2. 实训内容及步骤

图 10-39 所示为调压及卸荷回路。调压回路是根据系统负载大小来调节系统压力的回路。卸荷回路是在定量泵系统中，当溢流阀的遥控口与油箱连通时，阀口全开，使泵输出油液经溢流阀流回油箱，实现卸荷，以减少能量损耗。

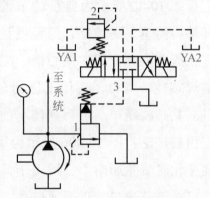

图 10-39　调压及卸荷回路

按回路图要求选择好液压元件及辅助元件，在实训台上连接好油路和电路，并检查连接的油路和电路是否正确。经检查无误后方可打开电源，起动液压泵。

（1）直接调压　电磁铁 YA1、YA2 均不通电时，使三位四通电磁换向阀处于中位，起动液压泵。由小到大，再由大到小调节溢流阀 1，反复 2~3 次。其最大调整压力值不得超过 7MPa。

（2）二级调压　将溢流阀 2 完全关闭，电磁铁 YA1 通电，使三位四通电磁阀处于左位。调节溢流阀 1，使其压力为 4MPa，再调节溢流阀 2，观察压力表示值，此时系统压力大小由溢流阀 2 决定。

（3）卸荷　调节溢流阀 2，使压力为 3MPa。然后使电磁铁 YA2 通电，三位四通电磁阀处于右位。溢流阀 1 的遥控口直接与油箱相通，此时压力降至最小，实现卸荷。

实训完毕，旋松溢流阀手柄，关闭液压泵，确认回路中压力为零后方可将管路及元件拆下，并放回原位。

3. 实训思考题

1）该回路中，如果溢流阀 2 的调整压力大于溢流阀 1 的调整压力，此时系统压力的大小由哪个阀决定？

2）在回路中，若把三位四通电磁阀中位机能改为 M 型，起动泵后，回路的压力为多大？是否能实现二级调压？

学习任务5　流量控制阀的工作原理及选用

流量控制阀靠改变阀口通流面积的大小来调节通过阀口的流量，从而改变执行元件的运动速度。流量控制阀有节流阀、调速阀、温度补偿调速阀、溢流节流阀和分流集流阀等。

一、节流口的结构形式

图 10-40 所示为典型的节流口形式。其中，图 10-40a 所示为针阀式节流口，其结构简单，易堵塞，流量受油温影响较大；图 10-40b 所示为偏心槽式节流口，它在阀芯上开有周向偏心槽，流量稳定性较好，其缺点是阀芯上的径向力不平衡，使阀芯转动费力，适用于压力较低的场合；图 10-40c 所示为轴向三角槽式节流口，其结构简单，可得到较小的稳定流量，油温变化对流量有一定的影响，目前应用较广泛；图 10-40d 所示为周向缝隙式节流口，其水力半径大，不易堵塞，油温变化对流量影响小，适用于低压小流量的场合；图 10-40e 所示为轴向缝隙式节流口，该节流口接近于薄壁孔，通流性能较好，油温变化对流量稳定性影响很小，常用于要求较高的流量阀上。

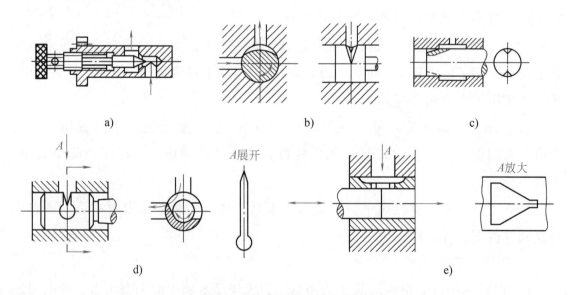

图 10-40　典型的节流口形式

a）针阀式节流口　b）偏心槽式节流口　c）轴向三角槽式节流口

d）周向缝隙式节流口　e）轴向缝隙式节流口

二、影响节流口流量稳定性的因素

节流阀的节流口通常有三种基本形式：当小孔的长度 l 与其直径之比 $l/d \leqslant 0.5$ 时，称为薄壁小孔；当 $l/d > 4$ 时，称为细长孔；当 $0.5 < l/d \leqslant 4$ 时，称为短孔。

通过节流口输出流量的稳定性与节流口的结构形式有关。无论节流口采用何种结构形式，节流口都介于理想薄壁孔和细长孔之间。因此节流阀的流量特性可用小孔流量通用公式表示，即

$$q = KA_{\mathrm{T}}\Delta p^{m} \tag{10-1}$$

式中　K——由孔口的形状、尺寸和液体性质决定的系数；

$\quad\quad A_{\mathrm{T}}$——孔口的截面积；

$\quad\quad \Delta p$——孔口前后两端压差；

$\quad\quad m$——由孔的长径比决定的指数，薄壁孔 $m = 0.5$，细长孔 $m = 1$，短孔 $0.5 < m < 1$。

由式（10-1）可知，通过节流口的流量不但与节流口通流面积有关，而且还和节流口前后的压差、油温以及节流口形状等因素有关系。

（1）压差对流量的影响　由公式 $q = KA_{\mathrm{T}}\Delta p^{m}$ 可知，当外负载变化时，Δp 将发生变化，薄壁孔的 m 值最小，其通过的流量受压差影响最小，因此目前节流阀常采用薄壁孔式节流口。

（2）油温对流量的影响　随着油温的变化，油液黏度也发生变化。黏度变化对细长孔流量的影响较大，而对于薄壁孔几乎没有影响。故油温变化时，流量基本不变。精密节流阀大都采用薄壁孔。

（3）孔口形状对流量的影响　最小稳定流量是流量阀的一个重要性能指标。最小稳定流量与节流口截面形状有关。水力半径越大，节流口的抗堵塞性能越好，阀在小流量下的稳定性越好。一般流量阀的最小稳定流量为 0.05L/min。

三、节流阀

节流阀是结构最简单的流量阀，它还常与其他阀组合，形成单向节流阀、行程节流阀等，在此介绍普通节流阀的典型结构。

（1）节流阀的结构与工作原理　图 10-41a、b 所示为普通节流阀的结构与图形符号。这种节流阀的孔口形状为轴向三角槽式。油液从进油口 P_1 进入，经阀芯上的三角槽节流口（图 10-41c）从出油口 P_2 流出。转动手柄可通过推杆推动阀

芯做轴向移动，改变节流口的通流面积，从而调节流量。图 10-41d 所示为其实物。

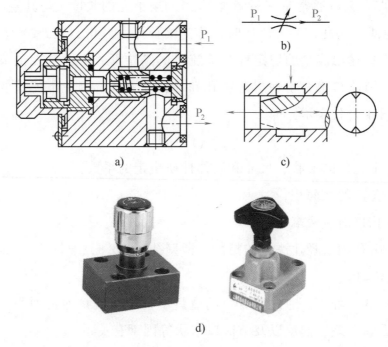

图 10-41　普通节流阀

a）结构　b）图形符号　c）节流口结构　d）实物

这种节流阀的结构简单、体积小，但负载和温度的变化对流量的稳定性影响较大，因此只适用于负载和温度变化不大或速度稳定性要求不高的液压系统中。

（2）节流阀的应用

1）起节流调速作用。在定量泵系统中，节流阀与溢流阀一起组成节流调速回路。改变节流阀的开口面积可调节通过节流阀的流量，从而调节执行元件的运动速度。

2）起负载阻尼作用。对某些液压系统，通流量是一定的，改变节流阀口通流面积将改变液体流动的阻力（即液阻），节流口通流面积越小，液阻越大。

3）起压力缓冲作用。在液流压力容易发生突变的地方安装节流元件，可延缓压力突变的影响，起保护作用。例如，在连接压力表的通道上设置阻尼器，可防止压力冲击损坏压力表。

四、调速阀

在节流调速系统中，负载变化时，将引起系统压力变化，进而引起节流阀两端压差发生变化。从式（10-1）可知，通过节流阀的流量发生变化，可导致执行元件的运动速度不稳定。因此，节流阀只适用于负载变化不大、速度稳定性要求不高的场合。为了解决负载变化大的执行元件的速度稳定性问题，通常是对节流阀进行压力补偿，即采取措施保证负载变化时节流阀前后压差不变。对节流阀的压力补偿有两种方式：一种是由定差减压阀串联节流阀组成调速阀；另一种是由压差式溢流阀与节流阀并联组成溢流节流阀。

（1）调速阀的工作原理　图 10-42a 所示为调速阀的工作原理图。

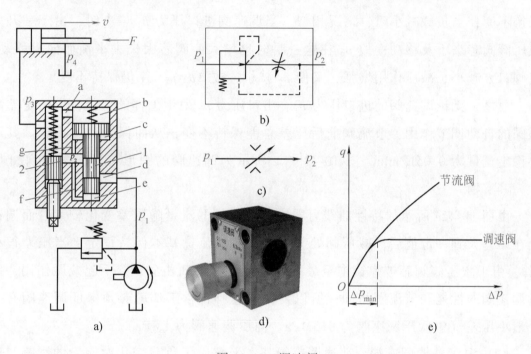

图 10-42　调速阀

a）工作原理图　b）图形符号　c）简化图形符号　d）实物　e）节流阀和调速阀的特性曲线

1—定差减压阀　2—节流阀

调速阀的进口压力 p_1 由溢流阀调定，工作时基本保持恒定。压力油（压力为 p_1）进入调速阀后，先经过定差减压阀的阀口 d 后压力降为 p_2，然后经节流阀流出，其压力为 p_3，压力油又经反馈通道 a 作用到减压阀的上腔 b。节流阀前的压力油（压力为 p_2）经通道 f 和 g 进入减压阀的 c 和 e 腔。当减压阀阀芯在弹簧力 F_S、液压力 p_2 和 p_3 的作用下处于某一平衡位置时（忽略摩擦力），力平衡方程为

$$p_2A_1 + p_2A_2 = p_3A + F_S \tag{10-2}$$

式中　A_1、A_2、A——e、c、b 腔内的压力油作用于阀芯的有效面积。

又因为 $A = A_1 + A_2$，所以

$$p_2 - p_3 = \Delta p = \frac{F_S}{A}$$

因弹簧刚度较低，且工作过程中减压阀阀芯位移较小，可以认为弹簧力 F_S 基本保持不变，故节流阀两端压差 $\Delta p = p_2 - p_3$ 也基本保持不变，从而保证了通过节流阀的流量稳定。其自动调节过程如下：当负载增大时，压力 p_3 也随之增大，阀芯失去平衡而向下移动，使阀口 d 增大，减压作用减小，使 p_2 增大，直至阀芯在新的位置上达到平衡为止。这样，p_3 增大时，p_2 也增大，其压差 $\Delta p = p_2 - p_3$ 基本保持不变；当负载减小时，情况相似。当调速阀进口压力 p_1 增大时，由于一开始减压阀阀芯来不及移动，故 p_2 在这一瞬时也增大，阀芯因失去平衡而向上移动，使阀口 d 减小，减压作用增强，又使 p_2 减小，故 $\Delta p = p_2 - p_3$ 仍保持不变。

总之，无论调速阀的进口压力 p_1、出口压力 p_3 发生怎样的变化，由于定差减压阀的自动调节作用，节流阀前后压差总能保持不变，从而保持流量稳定。其最小稳定流量为 0.05L/min。图 10-42b、c 所示为调速阀的图形符号，图 10-42d 所示为其实物。

由图 10-42e 所示的特性曲线可看出，节流阀的流量随压差变化较大，而调速阀在压差大到一定值后，减压阀处于工作状态，流量基本保持恒定。当压差很小时，由于减压阀阀芯被弹簧推至最下端，减压阀阀口 d 全开，不起减压作用，此时调速阀的性能和节流阀相同，所以要使调速阀正常工作就必须保证调速阀有一个最小压差（中低压调速阀为 0.5MPa，高压调速阀为 1MPa）。

（2）温度补偿调速阀　普通调速阀基本上解决了负载变化对流量的影响，但油温变化对其流量的影响依然存在。当油温变化时，油的黏度随之变化，从而引起流量变化。为了减小温度对流量的影响，可采用温度补偿调速阀。图 10-43 所示为温度补偿原理，在节流阀阀芯和调节螺钉之间安放一个热膨胀系数较大的聚氯乙烯推杆，当温度升高时，油液黏度降低，通过的流量增加，这时温度补偿杆伸长使节流口变小，从而补偿了温度对流量的影响。其最小稳定流量可达 0.02L/min。

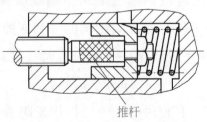

推杆

图 10-43　温度补偿原理

想一想

在液压缸回路上，用减压阀在前、节流阀在后相互串联的方法，能否起到与调速阀相同的作用，使活塞运动速度稳定？若用同样的串联方法，串联在液压缸的进油路或旁油路上，活塞运动速度能稳定吗？为什么？

学习任务6　速度控制回路的组成原理及油路连接

本任务主要讨论液压执行元件运动速度的调节和速度变换的问题。速度控制回路包括调速回路、快速运动回路和速度换接回路等。

调速是为了满足执行元件对工作速度的要求。

液压缸的运动速度为

$$v = \frac{q}{A}$$

液压马达的转速为

$$n = \frac{q}{V_M}$$

式中　q——输入执行元件的流量；

　　A——液压缸的有效作用面积；

　　V_M——液压马达的排量。

由以上两式可知，改变输入液压执行元件的流量 q（或改变液压马达的排量 V_M），可以达到改变速度的目的。

液压系统的调速方法有以下三种：

（1）节流调速　采用定量泵供油，由流量阀调节进入执行元件的流量来实现调节执行元件运动速度的方法。

（2）容积调速　采用变量泵来改变流量或改变液压马达的排量，从而实现调节执行元件运动速度的方法。

（3）容积节流调速　采用变量泵和流量阀相配合的调速方法，又称为联合调速。

一、节流调速回路

由定量泵供油，用流量阀控制进入执行元件或由执行元件流出的流量，以调节其运动速度。根据流量阀在回路中安放位置的不同，分为进油路节流调速、回油路节流调速和旁油路节流调速三种形式。

1. 进油路节流调速回路

如图 10-44 所示，节流阀串联在液压泵和液压缸之间。调节节流阀阀口大小（改变节流阀通流面积 A_T），便能控制进入液压缸的流量，从而可实现无级调速，定量泵多余的油液经溢流阀流回油箱，泵的出口压力 p_P 为溢流阀的调整压力并基本保持定值。在这种调速回路中，节流阀和溢流阀联合使用才起调速作用。

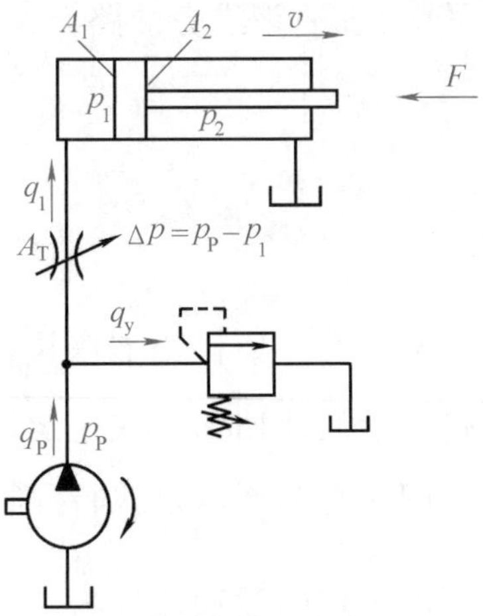

活塞的运动速度为

$$v = \frac{q_1}{A_1} \qquad (10\text{-}3)$$

图 10-44　进油路节流调速回路

式中　q_1——进入液压缸的流量；

A_1——液压缸无杆腔的有效作用面积。

当负载 F 增大时，p_1 增大，$p_P - p_1$ 减小，由 $q = K A_T \Delta p^m$ 可知，q_1 将减小，液压缸的运动速度 $v = q_1/A_1$ 减小。由此可知，当 p_P、A_T 调定后，液压缸的运动速度 v 仅与负载 F 有关。这种回路的调速范围较大。

速度-负载特性：

1）当节流阀通流面积 A_T 不变时，液压缸的运动速度 v 随负载 F 增大而下降，因此这种回路的速度刚性较软。

2）当 A_T 一定时，重载区域比轻载区域的速度刚性差。

3）当负载 F 不变时，A_T 小，速度刚性好。

因为该回路的最大承载能力 $F_{max} = p_P A_1$ 不随节流阀通流面积 A_T 的改变而改变，故属于恒推力或恒转矩调速。

由于进油路节流调速存在溢流损失和节流损失，故回路的效率较低。所以该回路适用于轻载、低速、负载变化不大和对速度稳定性要求不高的小功率液压系统。

2. 回油路节流调速回路

如图 10-45 所示，节流阀串联在执行元件的回油路上。用节流阀调节液压缸的回油流量 q_2，也就控制了进入液压缸的流量 q_1。定量泵多余的油液经溢流阀流回油箱，泵出口压力 p_P 为溢流阀的调整压力并基本保持稳定。

活塞的运动速度为

$$v = \frac{q_1}{A_1} = \frac{q_2}{A_2} \qquad (10\text{-}4)$$

式中　q_1——进入液压缸的流量；

　　　q_2——液压缸排出的流量；

　　　A_1——液压缸无杆腔的有效作用面积；

　　　A_2——液压缸有杆腔的有效作用面积。

速度-负载特性：

回油路节流调速和进油路节流调速的速度-负载特性基本相同。但是，这两种调速回路承受负值负载的能力是不同的。

回油路节流调速回路上的节流阀使液压缸回油腔形成一定的背压，在有负值负载时，背压能阻止工作部件的前冲，即能在负值负载下工作；而进油路节流调速由于液压缸回油腔没有背压，因而不能在负值负载下工作。

例如，在顺铣过程中（图10-46），切削力的水平分力 F_H 的方向与进给方向有时相同，有时相反，而且其大小又是变化的，这样工件连同工作台就可能发生窜动，产生振动，使进给运动不平稳。当 F_H 的方向与进给运动方向相同时，F_H 即为液压缸的负值负载。液压缸的运动速度原来是由节流阀调定的，但由于有力 F_H 又拉动工作台向右运动，这就有可能使其进给速度失控，在这种情况下，可以采用回油路节流调速或在进油路节流调速的回油路上设置背压阀以平衡负值负载，从而克服进油路节流调速速度不平稳的缺点。

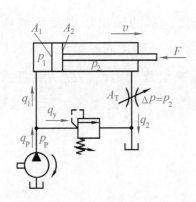

图 10-45　回油路节流调速回路

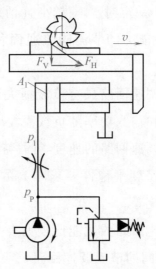

图 10-46　负值负载对运动
平稳性的影响

动画：回油路节
流调速回路

在回油路节流调速回路中，回油腔的压力较高，特别是在轻载时，回油腔的压力有可能比进油腔压力还要高，这对液压缸回油腔和回油管路的强度和密封提出了更高的要求。

3. 旁油路节流调速回路

如图 10-47 所示，将节流阀装在和液压泵并联的支路上。用节流阀调节液压泵流回油箱的流量，从而控制进入液压缸的流量，即可实现调速。油路中的溢流阀在正常工作情况下是关闭的，过载时打开，故称之为安全阀，其调整压力比最大负载所需的压力稍高。

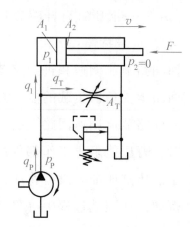

活塞的运动速度为

$$v = \frac{q_1}{A_1} = \frac{q_P - q_T}{A_1} \qquad (10\text{-}5)$$

式中　q_1——进入液压缸的流量；

　　　q_P——液压泵输出的流量；

　　　A_1——液压缸无杆腔的面积；

　　　q_T——通过节流阀的流量。

图 10-47　旁油路节流调速回路

速度-负载特性：

1）当节流阀通流面积 A_T 一定时，负载 F 较小的区段，速度刚性差；负载较大的区段，速度刚性较好。

2）当负载 F 一定时，A_T 越小（活塞运动速度越高），速度刚性越好。

3）最大承载能力随节流阀流通面积 A_T 的增大而减小，即低速承载能力差，调速范围也小。

旁油路节流调速回路只有节流损失而无溢流损失，泵的输出压力随负载而变化，即节流损失和输入功率随负载而变化，所以比前两种调速回路效率高。

旁油路节流调速回路的速度-负载特性很软，低速承载能力差，故一般只适用于高速重载和对速度平稳性要求不高的较大功率系统，如牛头刨床主运动系统、输送机械液压系统等。

三种节流调速回路的性能比较见表 10-6。

4. 采用调速阀的节流调速回路

采用节流阀的节流调速回路，其速度-负载特性比较软，变载荷下的运动平稳

表 10-6 三种节流调速回路的性能比较

特 性	调 速 方 法		
	进油路节流调速	回油路节流调速	旁油路节流调速
速度-负载特性	较软	同进油路节流调速	比进油路、回油路节流调速更软
运动平稳性	平稳性较差,不能在负值负载下工作	平稳性较好,可以在负值负载下工作	平稳性较差,不能在负值负载下工作
调速范围	较大	同进油路	因低速稳定性差,故调速范围较小
最大承载能力	最大负载由溢流阀所调定的压力决定,最大承载能力不随节流阀通流面积的改变而改变	同进油路	最大负载随节流阀通流面积的增大而减小,低速承载能力差
功率损耗	功率损耗与负载、速度无关。低速、轻载时效率低,发热大	同进油路	功率损耗与负载成正比,效率高,发热小
起动冲击	停车后起动冲击小	停车后起动有冲击	停车后起动有冲击
发热及泄漏的影响	油液通过节流阀后发热,然后进入液压缸,加大液压缸泄漏,从而影响活塞运动速度	油液通过节流阀后回油箱冷却,对液压缸泄漏影响较小	油液通过节流阀后直接流回油箱冷却,对液压缸泄漏影响较小

性均比较差。为了克服这个缺点,在回路中用调速阀代替节流阀。由于使用调速阀能在负载变化的条件下保证节流阀两端压差基本不变,因而使用调速阀后回路的速度-负载特性得到了改善,旁油路节流调速回路的承载能力也不因活塞运动速度的降低而减小。

>> **注意** 为了保证调速阀能正常工作,调速阀两端压差必须大于一定数值,中低压为 0.5MPa。

想一想

1)图 10-48 所示为采用调速阀的回油路调速系统,溢流阀调定压力 p_S = 4MPa,液压缸无杆腔有效作用面积 $A_1 = 78cm^2$,有杆腔有效作用面积 $A_2 = 58cm^2$,工作时发现液压缸速度不稳定。试分析原因,并提出改进措施。

2)针对图 10-49 所示的调速回路,分析回答下列问题:

① 此调速回路属于何种调速方式?回路中的单向阀起什么作用?

② 用压力继电器发信号使液压缸活塞由死挡铁停留转为快速退回,压力继电器应安装在油路的什么地方?画在油路上。

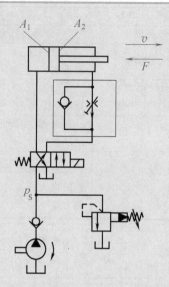
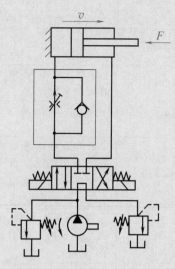

图 10-48 采用调速阀的回油路调速系统   图 10-49 调速回路

画一画

试画一个工作循环为"快进→工进→快退"的液压回路。

例 10-2 在图 10-50 所示的调速回路中，已知：液压泵的流量 $q_P = 25L/min$，液压缸两腔有效作用面积为 $A_1 = 100cm^2$，$A_2 = 50cm^2$，当负载 $F = 0 \sim 40kN$ 时，活塞向右运动的速度稳定不变，$v = 20cm/min$，调速阀要求的最小压差 $\Delta p_{min} = 0.5MPa$，不计管路压力损失。试问：

（1）溢流阀的调整压力 p_y 为多少？泵的工作压力 p_P 为多少？

（2）液压缸回油腔可能达到的最高工作压力 p_2 为多少？

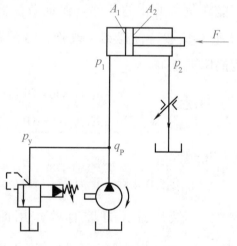

图 10-50 例 10-2 图

解：（1）溢流阀的最小调整压力 p_y 应根据系统最大负载及调速阀正常工作所需的最小压差 Δp_{min} 来确定，则活塞受力平衡方程为

$$p_y A_1 = p_2 A_2 + F_{max} = \Delta p_{min} A_2 + F_{max}$$

则

$$p_y = \frac{\Delta p_{min}A_2 + F_{max}}{A_1} = \frac{0.5 \times 10^6 \times 50 \times 10^{-4} + 40 \times 10^3}{100 \times 10^{-4}}Pa = 42.5 \times 10^5 Pa = 4.25MPa$$

进入液压缸无杆腔的流量为

$$q_1 = vA_1 = 20 \times 100 \times 10^{-3}L/min = 2L/min$$

因为 $q_1 < q_P = 25L/min$，所以溢流阀处于正常工作状态，溢流阀进行溢流，液压泵的工作压力为

$$p_P = p_y = 4.25MPa$$

（2）当 $F = F_{min} = 0$ 时，液压缸回油腔压力 p_2 达到最高值。活塞受力平衡方程为

$$p_y A_1 = p_{2max} A_2$$

$$p_{2max} = \frac{p_y A_1}{A_2} = 4.25 \times 10^6 \times \frac{100}{50}Pa = 8.5 \times 10^6 Pa = 8.5MPa$$

由计算结果可以看出，在回油路节流调速回路中，当负载消失时，液压缸有杆腔压力急剧加大，有利于承受负值负载，但对液压缸的密封要求高。

二、容积调速回路

节流调速回路的主要缺点是效率低、发热大，故只适用于小功率液压系统中。采用变量泵或变量马达的容积调速回路，因无溢流损失和节流损失，故效率高、发热小，适用于大功率液压系统。根据油路的循环方式不同，容积调速回路分为开式回路和闭式回路两种。

（1）开式回路　泵从油箱吸油，执行元件的回油仍返回油箱，其优点是油液在油箱中便于沉淀杂质，析出气体，并得到冷却；缺点是空气易侵入油液，致使运动不平稳。

（2）闭式回路　泵吸油口与执行元件回油口直接连接，油液在系统内封闭循环。其优点是油、气隔绝，结构紧凑，运动平稳，噪声小；缺点是散热条件差。为了补偿泄漏，需设置补油装置，同时还起到了热交换作用，降低了系统油液温度。补油泵流量一般为主泵流量的 $10\% \sim 15\%$，压力为 $0.3 \sim 1.0MPa$。

1. 变量泵和定量执行元件组成的容积调速回路

图 10-51a 所示为变量泵和液压缸组成的容积调速回路，改变变量泵 1 的排量即可调节活塞的运动速度。工作时，溢流阀 3 关闭，作安全阀用，用来限制回路的最大压力。单向阀 2 的作用是当泵停止工作时，防止液压缸的油液向泵倒流和

空气进入系统。6 为背压阀，使活塞运动平稳。图 10-51b 所示为变量泵和定量液压马达组成的容积调速回路。改变变量泵 1 的排量即可调节液压马达 5 的转速。4 为安全阀，1 为补油泵，其流量为变量泵最大输出流量的 10%~15%，补油压力由溢流阀 6 调定，使变量泵的吸油口有一较低的压力，这样可以避免产生空穴，防止空气侵入，改善泵的吸油性能，同时还起到了系统油液热交换的作用。

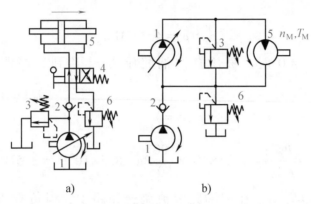

动画：变量泵和
定量马达容积
调速回路

图 10-51　变量泵和定量执行元件容积调速回路

a）变量泵和液压缸组成的容积调速回路　b）变量泵和定量液压马达组成的容积调速回路

在上述回路中，变量泵的输出流量全部进入液压缸（或液压马达），在不考虑泄漏影响时：

液压缸的运动速度为

$$v = \frac{q_P}{A_1} = \frac{V_P n_P}{A_1} \qquad (10\text{-}6)$$

液压马达的转速为

$$n_M = \frac{q_P}{V_M} = \frac{V_P n_P}{V_M} \qquad (10\text{-}7)$$

式中　q_P——变量泵的流量；

V_P、V_M——变量泵和液压马达的排量；

n_P、n_M——变量泵和液压马达的转速；

A_1——液压缸的有效作用面积。

在这种调速回路中，因液压马达（液压缸）输出的转矩（推力）不变，故称为恒转矩（恒推力）调速。

2. 定量泵和变量马达组成的容积调速回路

如图 10-52 所示，阀 2 为安全阀，定量泵 4 和溢流阀 5 组成补油油路。定量泵输出的流量不变，调节变量马达的排量便可改变其转速。

在这种调速回路中，因液压马达的最大输出功率不变，故称为恒功率调速。

3. 变量泵和变量马达组成的容积调速回路

如图 10-53 所示，液压马达的转速可以通过改变变量泵排量 V_P 或改变变量马达的排量 V_M 来进行调节。变量泵正向或反向供油，变量马达即可正转或反转。单向阀 6、9 用于使辅助泵 1 双向补油，单向阀 7、8 使安全阀 3、5 都能起过载保护作用。这种回路是上述两种调速回路的组合。

低速段：将变量马达的排量 V_M 固定在最大值上（相当于定量马达），然后由小到大调节变量泵的排量 V_P，使变量马达转速升至 n_M'，该段属于恒转矩调速。

高速段：将变量泵排量 V_P 固定在最大值上（相当于定量泵），然后由大到小调节变量马达的排量 V_M，进一步提高马达转速至 n_{Mmax}，该段属于恒功率调速。

该调速回路扩大了调速范围，也扩大了对马达转矩和功率输出特性的选择，适用于调速范围大、低速大转矩、高速恒功率且工作效率要求高的设备。

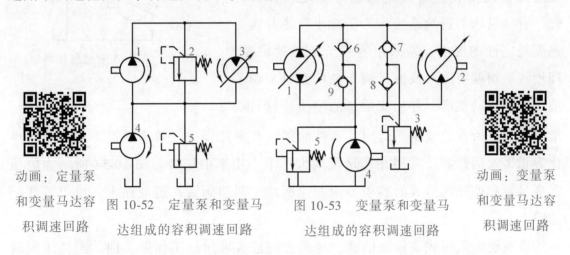

动画：定量泵和变量马达容积调速回路

图 10-52　定量泵和变量马达组成的容积调速回路

图 10-53　变量泵和变量马达组成的容积调速回路

动画：变量泵和变量马达容积调速回路

三种容积调速回路的性能比较见表 10-7。

表 10-7　三种容积调速回路的性能比较

容积调速回路	调速方法	输　出　特　性			应　　用
		调速范围	输出转矩	输出功率	
变量泵和定量执行元件	调节泵的排量 V_P	较大	恒转矩（恒推力）调速	随马达的转速改变呈线性变化	小型内燃机车、液压起重机、船用绞车等的有关装置
定量泵和变量马达	调节马达的排量 V_M	很小	马达转速增大时，转矩逐渐减小，输出转矩为变值	恒功率调速	造纸、纺织等行业的卷取装置

（续）

容积调速回路	调速方法	输出特性			应　用
		调速范围	输出转矩	输出功率	
变量泵和变量马达	低速段:马达排量 V_M 固定在最大值上,调节泵的排量 V_P 高速段:泵的排量 V_P 固定在最大值上,调节马达的排量 V_M	很大	低速段为恒功率调速	高速段为恒功率调速	大功率液压系统,特别适用于系统中有两个或多个液压马达要求共用一个液压泵,又能各自独立进行调速的场合,如港口起重运输机械、矿山采掘机械

三、容积节流调速回路

容积调速回路虽然具有效率高、发热小的优点，但随着负载增加，容积效率将有所下降，从而速度发生变化，尤其是低速时稳定性差，因此，有些机床的进给系统，为了减小发热并满足速度稳定性的要求，常采用容积节流调速回路，即用流量阀调节进入或流出液压缸的流量来调节液压缸的运动速度，并使变量泵的输出流量自动

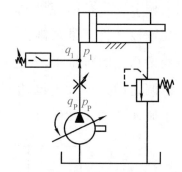

图 10-54　限压式变量泵和调速阀组成的容积节流调速回路

地与液压缸所需的流量相适应。这种回路没有溢流损失，效率较高，速度稳定性比容积调速回路好，常用在调速范围大、中小功率的场合。图 10-54 所示为限压式变量泵和调速阀组成的容积节流调速回路。调速阀装在进油路上，也可装在回油路上。

该系统由限压式变量泵供油，经调速阀进入液压缸工作腔，回油经背压阀返回油箱，液压缸的运动速度由调速阀调节。泵输出的流量 q_P 与通过调速阀进入液压缸的流量 q_1 相适应。例如，减小调速阀的通流面积到某一值，在关小调速阀的瞬间（q_1 减小），泵的输出流量还未来得及改变，于是出现 $q_P > q_1$，致使泵的出口压力 p_P 升高，其反馈作用使变量泵的流量 q_P 自动减小到与调速阀通过的流量 q_1 相一致。反之，开大调速阀的通流面积，将导致 $q_P < q_1$，引起泵的出口压力降低，使其输出流量自动增大到 $q_P \approx q_1$。

如果限压式变量泵的限压螺钉调整合理，在不计管路损失的情况下，可使调速阀保持最小稳定压差值，一般 $\Delta p = p_P - p_1 = 0.5\text{MPa}$。此时，不仅活塞的运动速

度不随负载变化，而且通过调速阀的功率损失最小，如果 p_P 调得过小，会使 $\Delta p<$ 0.5MPa，调速阀不能正常工作，输出的流量随液压缸压力的增大而下降，使活塞运动速度不稳定。如果在调节限压螺钉时将 Δp 调得过大，则功率损失增大，油液易发热。

四、快速运动回路

快速运动回路的功用是使液压执行元件获得所需的高速，以提高生产率或充分利用功率。

1. 液压缸差动连接快速运动回路

如图 10-55 所示，当换向阀 1 和 3 在左位工作时，换向阀 3 将液压缸左、右腔连通，并同时接通压力油，由于无杆腔有效作用面积大于有杆腔有效作用面积，液压缸左端面上所受的油液作用力大于右端面上所受的作用力，因此，液压缸向左运动。此时，液压缸有杆腔排出的油液和液压泵的供油合在一起进入液压缸无杆腔，使液压缸达到快速向左运动的目的；当换向阀 3 的电磁铁通电时，差动连接被切断，液压缸回油经过调速阀，实现工进。当换向阀 1 切换至右位后，液压缸快退。

这种连接方式可在不增加泵流量的情况下，提高执行元件的运动速度，其回路简单经济，应用较多。值得注意的是：在差动连接回路中，阀和管路应按合成流量来选择，否则压力损失过大，严重时会使溢流阀在快进时也开启，而达不到差动快进的目的。

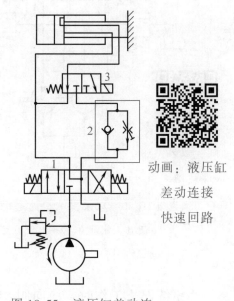

动画：液压缸差动连接快速回路

图 10-55　液压缸差动连接快速运动回路
1、3—换向阀　2—单向调速阀

2. 双泵供油快速运动回路

如图 10-56 所示，图中 1 为低压大流量泵，它和高压小流量泵 2 的流量加在一起应等于快速运动时所需的流量，液控顺序阀 3 的调整压力应比快速运动时所需压力大 0.8MPa，且比溢流阀 5 的调定压力至少低 10%；高压小流量泵 2 的流量按工作进给速度需要选取，工作压力由溢流阀 5 调定。在快速运动时，由于负载小，系统压力低于液控顺序阀 3 的调定压力，阀口关闭。低压大流量泵 1 输出的油液经单向阀 4 与高压小流量泵 2 输出的油液共同向系统供油，以实现快速运动；工作进给时，系统压力升高，打开液控顺序阀 3（卸荷阀），使低压大流量泵 1 卸荷，此时单向阀 4 关闭，由高压小流量泵 2 单独向系统供油，实现工作进给。

这种回路系统效率高，功率利用合理；其缺点是回路比较复杂，常用在执行元件快进和工进速度相差较大的场合。

3. 采用蓄能器的快速运动回路

图 10-57 所示为采用蓄能器的快速运动回路，采用蓄能器的目的是利用小流量液压泵使执行元件获得快速运动。

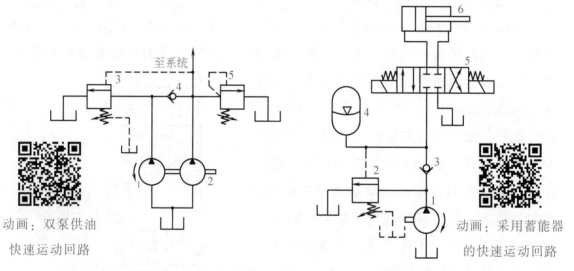

动画：双泵供油
　　快速运动回路

动画：采用蓄能器
　　的快速运动回路

图 10-56　双泵供油快速运动回路　　图 10-57　采用蓄能器的快速运动回路

1—低压大流量泵　2—高压小流量泵　　　　1—液压泵　2—液控顺序阀　3—单向阀

3—液控顺序阀　4—单向阀　5—溢流阀　　4—蓄能器　5—换向阀　6—液压缸

当系统停止工作时，换向阀 5 处在中间位置，这时液压泵 1 经单向阀 3 向蓄能器 4 充液，蓄能器内压力升高，达到液控顺序阀 2（卸荷阀）调定压力后，阀口打开，使液压泵卸荷。当系统中短期需要大流量时，换向阀 5 处于左位或右位，由液压泵 1 和蓄能器 4 共同向液压缸 6 供油，使液压缸实现快速运动。

≫ **注意**｜系统在整个工作循环中要有足够向蓄能器充液的时间。

五、速度换接回路

速度换接回路的功能是使液压执行元件在一个工作循环中从一种运动速度变换到另一种运动速度。实现这种功能的回路应具有较高的速度换接平稳性。

1. 快速与慢速的换接回路

图 10-58 所示为采用行程阀的快慢速换接回路。

在图示状态下，液压缸 7 快进，当活塞上的挡块压下行程阀 6 时，行程阀关闭，液压缸右腔的油液只能通过调速阀 5 流回油箱，液压缸由快进转变为慢速工进；当电磁换向阀 2 通电换向时，压力油经单向阀 4 进入液压缸 7 右腔，活塞向左快速返回。由于切换时行程阀的阀口是逐渐关闭的，故这种回路快慢速换接比较平稳，换接点的位置比较准确，缺点是行程阀安装位置不能任意改变，管路连接较复杂。

2. 两种工进速度的换接回路

某些机床要求工作行程有两种进给速度，第一工进速度较大，多用于粗加工；第二工进速度较小，多用于半精加工或精加工。为了实现两次工进速度，常将两个调速阀串联或并联在油路中，用换向阀进行切换。

图 10-59a 所示为两个调速阀串联来实现两次进给速度的换接回路，调速阀 B 的开口小于调速阀 A 的开口。当电磁阀断电时，压力油经调速阀 A 进入液压缸左腔，实现一工进，进给速度由调速阀 A 控制；当电磁阀通电时，压力油经调速阀 A，再经调速阀 B 进入液压缸左腔，速度由调速阀 B 控制，实现二工进。故这种回路只能用于二工进速度小于一工进速度的场合，但速度换接平稳性较好。

图 10-59b 所示为两个调速阀并联来实现两次进给速度的换接回路，此回路两

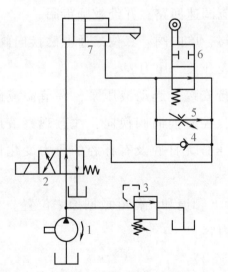

图 10-58　采用行程阀的速度换接回路

1—液压泵　2—电磁换向阀　3—溢流阀　4—单

向阀　5—调速阀　6—行程阀　7—液压缸

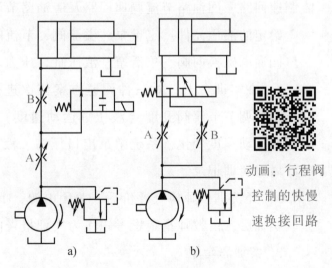

动画：行程阀控制的快慢速换接回路

图 10-59　两个调速阀串、并联速度换接回路

a）两个调速阀串联　b）两个调速阀并联

种进给速度可以分别调节，两个调速阀的开口大小不受限制。此回路在两种进给速度的切换过程中容易使运动部件产生突然前冲，这是因为当其中一个调速阀 A 工作时另一个调速阀 B 无油液通过，调速阀 B 的进、出口压力相等，则调速阀中的定差减压阀阀口全开，当将其换接至工作状态时，调速阀 B 的出口压力突然下降，阀中的减压阀阀口还未关小前，节流阀前后压差很大，从而使速度换接瞬间流量增大，造成前冲现象。

技能实训 17　液压流量控制阀拆装及调速回路的连接与调试

1．实训目的

1）通过对流量控制阀的拆装，了解其组成、结构和特点。

2）加深对流量控制阀原理和特性的理解，增加对流量控制阀类型的了解。

3）熟悉节流调速回路的组成及工作特点。

4）学会节流调速回路的连接及调试，掌握三种节流调速回路的基本性能。

2．实训内容及步骤

（1）拆装流量控制阀　本实训采用教师重点讲解，学生自己动手拆装为主的方法。学生以小组为单位，边拆装边讨论分析结构原理及特点。

（2）节流调速回路的连接

1）根据给定的元件绘制能实现"快进→工进→快退"工作循环的进油路节流调速回路、回油路节流调速回路及旁油路节流调速回路，并经教师审阅。

给定的液压元件：定量泵、溢流阀、节流阀、单向阀、二位二通电磁换向阀、三位四通电磁换向阀、单活塞杆液压缸、压力表开关、压力表。

2）在实训台上，对三种调速方案依次进行安装。起动液压泵，调节溢流阀的压力，调节节流阀开度（液压缸运动速度），控制换向阀换向，注意观察液压缸活塞运动速度变化，系统中泵出口压力、液压缸无杆腔及有杆腔的压力变化情况并做好实训记录。

3）经实训教师检查评价后，关闭电源，拆下管道和元件并放回原来位置。

实训后，由教师指定思考题作为实训报告内容。

3．实训思考题

1）所拆装的节流阀、调速阀分别属于哪种开口形式？有什么特点？

2）试根据调速阀的工作原理进行分析，调速阀进、出油口能否反接？进、出油口反接后将会出现怎样的情况？

3）调速阀是由哪两个阀组成的？

4）观察调速阀中两个阀芯的结构，分析其主要零件及各孔道的作用。

5）对照 QT 型温度补偿调速阀的实物，说明其工作原理及温度补偿杆的作用。

6）在进、回油路节流调速回路中，若使用的元件规格相同，则哪种回路能使液压缸获得更低的稳定速度？如果获得同样的稳定速度，则哪种回路的节流阀开度大？

7）在回油路节流调速系统中，节流阀开度最大、较小及工作结束后，液压缸有杆腔的压力是如何变化的？为什么？

8）三种调速方案中，哪种调速方案功率利用最合理？

学习任务 7　多执行元件控制回路及其油路连接

在液压系统中，由一个油源向多个执行元件供油，各执行元件会因回路中压力、流量的彼此影响而在动作上受到牵制。可以通过压力、流量、行程控制来满足多个执行元件预定动作的要求。

一、顺序动作回路

顺序动作回路的作用在于使多个执行元件严格按照预定顺序依次动作。按控制方式的不同，可分为压力控制和行程控制两种。

（1）压力控制顺序动作回路　利用液压系统工作过程中的压力变化来使执行元件按顺序先后动作。图 10-60 所示为用单向顺序阀控制的顺序动作回路。

当换向阀左位工作，且顺序阀 D 的调定压力大于液压缸 A 的最大进给工作压力时，压力油先进入缸 A 左腔，实现动作①；当缸 A 行至终点后，压力升高到顺序阀 D 的调定压力时，顺序阀 D 打开，压力油进入缸 B 左腔，实现动作②；同理，当换向阀右位工作，且顺序阀 C 的调定压力大于缸 B 的最大返回工作压力时，两缸则按③和④的顺序返回。

图 10-61 所示为用压力继电器控制的顺序动作回路。按下起动按钮，电磁铁 YA1 通电，缸 1 活塞向右运动，实现动作①；当缸 1 行至终点后，回路压力升高，当油压超过压力继电器 KP1 的调定压力值时，发出电信号，使电磁铁 YA3 通电，缸 2 活塞向右运动，实现动作②；按下返回按钮，YA1、YA3 断电，YA4 通电，

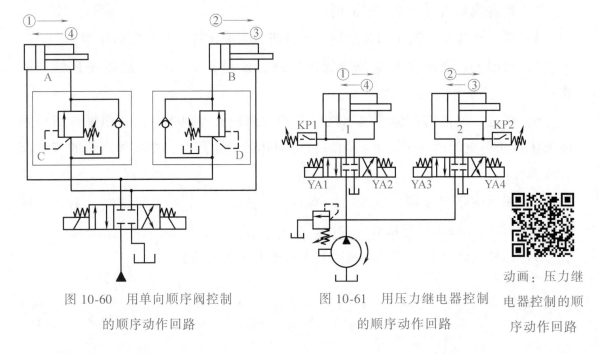

图 10-60 用单向顺序阀控制
的顺序动作回路

图 10-61 用压力继电器控制
的顺序动作回路

动画：压力继
电器控制的顺
序动作回路

缸 2 活塞向左退回，实现动作③；缸 2 活塞退到原位后，回路压力升高，当油压超过压力继电器 KP2 的调定压力值时，发出电信号，使 YA2 通电，缸 1 活塞后退完成动作④。

显然，以上两种回路动作的可靠性取决于顺序阀和压力继电器的性能及其调定值，即它的调定压力应比先动作缸的最高压力高 10%～15%，以免管路中的压力冲击或波动造成误动作。这种回路只适用于系统中执行元件数目不多、负载变化不大的场合。

（2）用行程阀控制的顺序动作回路 图 10-62a 所示为用行程阀控制的顺序动作回路。在图示状态下，两液压缸 1、2 的活塞均在右端，当扳动手柄使手动换向阀 3 左位工作，液压缸 1 左行，完成动作①；当挡块压下行程阀 4 后，液压缸 2 活塞左行，完成动作②；手动换向阀复位后，液压缸 1 先复位，实现动作③；随着挡块后移，行程阀 4 复位，液压缸 2 退回，实现动作④。这种回路工作可靠，但要改变动作顺序较困难。

图 10-62b 所示为用行程开关控制的顺序动作回路。当电磁换向阀 5 通电时，液压缸 1 左行完成动作①后触动行程开关 a_1 使电磁换向阀 6 通电换向，液压缸 2 左行完成动作②；当液压缸 2 左行至触动行程开关 a_2 时，电磁换向阀 5 断电，液压缸 1 返回，实现动作③后触动 a_3，使电磁换向阀 6 断电，液压缸 2 返回，完成动作④，最后触动 a_4 时，使液压泵卸荷，完成一个工作循环。这种回路调整行程

大小和改变动作顺序方便灵活，应用较广。

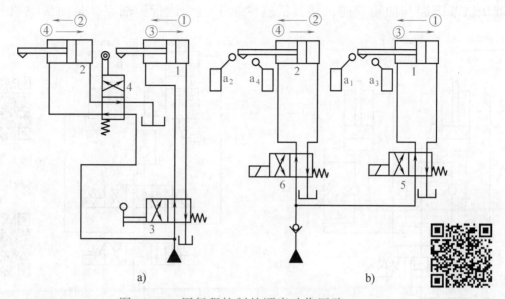

图 10-62 用行程控制的顺序动作回路

a) 用行程阀控制 b) 用行程开关控制

1、2—液压缸 3—手动换向阀 4—行程阀 5、6—电磁换向阀

动画：行程开关控制的顺序动作回路

总之，在一个液压系统中，几种实现顺序动作的控制方法可以联合起来使用，从而获得满意的控制效果。

二、同步回路

同步回路的作用是使系统中多个执行元件在运动中的位移相同或以相同的速度运动。

（1）采用调速阀的同步回路 如图 10-63 所示，两个液压缸并联，两个调速阀分别调节两个液压缸活塞的运动速度。由于调速阀具有当负载变化时能保持流量稳定的特点，所以只要仔细调整两个调速阀开口的大小，就能使两个液压缸保持同步。这种回路结构简单，但调整比较麻烦，同步精度不高，不宜用于偏载或负载变化频繁的场合。

（2）串联液压缸同步回路 图 10-64 所示为带补偿装置的串联液压缸同步回路。当两液压缸的活塞同时下行时，若液压缸 5 的活塞先到达行程端点，挡块压下行程开关 a_1，电磁铁 YA3 通电，换向阀 3 左位接入回路，压力油经换向阀 3 和液控单向阀 4 进入液压缸 6 上腔，进行补油，使其活塞继续下行到达行程端点。如果液压缸 6 的活塞先到达行程端点，行程开关 a_2 被压下，使电磁铁 YA4 通电，换向阀 3 右位接入回路，压力油进入液控单向阀 4 的控制口，打开液控单向阀 4，液压缸 5 下腔与油箱接通，使其活塞继续下行到达行程端点，从而消除累积误差。

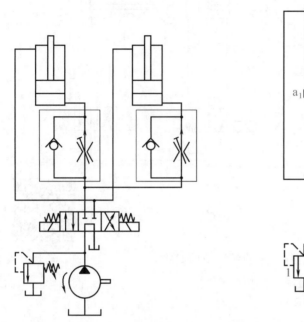

动画：调速阀控
制的同步回路

动画：带补偿装
置的串联液压
缸同步回路

图 10-63　采用调速阀的同步回路　　图 10-64　带补偿装置的串联液压缸同步回路

1—溢流阀　2、3—换向阀

4—液控单向阀　5、6—液压缸

技能实训 18　液压顺序动作回路的连接与调试

1. 实训目的

1）通过亲自装拆，了解利用顺序阀实现多执行元件顺序动作回路的组成及特点。

2）学会系统压力和顺序阀压力的合理调整。

2. 实训内容及步骤

1）识读给定的顺序动作回路原理图。顺序动作要求：液压缸 A 活塞杆先向右运动，到达终点后，液压缸 B 活塞杆再向右运动。液压缸 A、B 向左退回时无顺序动作要求。

2）参照图 10-65，选择各液压元件及辅助元件，在实训台上连接好回路，接好电路，并检查油路和电路连接是否正确。经教师审查后方可开机。

3）全部打开溢流阀，关闭单向顺序阀，使三位四通电磁换向阀处于中位。

起动定量泵，调节溢流阀和顺序阀的压
力。为了使顺序阀动作可靠，溢流阀的
调整压力 p_1 应大于顺序阀的调整压
力 p_3。

4）给电磁铁 YA1 通电，两缸实现
顺序动作。待液压缸 B 到达终点后，给
电磁铁 YA2 通电，两缸快退。使两液压
缸顺序动作重复 2~3 次，并注意观察其
顺序动作情况。

5）实训完毕，旋松溢流阀手柄，关
闭液压泵，确认回路中压力为零后方可
将管路及元件拆下，并放回原位。

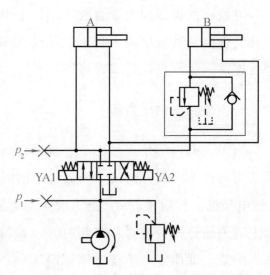

图 10-65　顺序动作液压系统原理图

3. 实训思考题

1）按给定的动作顺序填写实训记录表（表 10-8）。

表 10-8　实训记录表

工况	电磁铁通、断电	油液流动路线	
液压缸 A 右行		进油路：	
		回油路：	
液压缸 B 右行		进油路：	
		回油路：	
液压缸 A、B 左退		进油路：	
		回油路：	

2）如果要求两液压缸退回时也有顺序要求，回路应如何设计？画一回路并
进行安装调试。

3）回路工作时，如何保证顺序动作的可靠性？

学习任务 8　其他液压控制阀及其应用

电液比例控制阀是介于普通液压阀开关式控制和电液伺服控制之间的控制阀。
它能实现使液流压力和流量连续、按比例地跟随控制信号而变化，其控制性能优
于开关式控制。与电液伺服控制相比，其控制精度和相应速度较低，但成本低，
抗污染能力强，近年来在国内外得到重视，发展较快。

电液比例控制阀由普通液压阀加上电-机械比例转换装置构成，且一般都有压力补偿性能，其输出压力和流量不受负载变化的影响，故广泛应用于对液压参数进行连续、远距离控制或程序控制。

一、电液比例压力阀

图 10-66a、b 所示为电液比例压力阀的结构及图形符号，它由压力阀 1 和移动式力马达 2 两部分组成。当力马达的线圈通入电流时，推杆 3 通过钢球 4、弹簧 5 把电磁推力传给锥阀 6。推力大小与电流成比例，当进口 P 处的压力油作用在锥阀上的力超过弹簧力时，锥阀打开，油液通过 T 口排出。只要连续地按比例调节输入电流，就能连续地按比例控制锥阀的开启压力。这种阀可作为直动式压力阀使用，也可作为压力先导阀与普通溢流阀、减压阀、顺序阀的主阀组合，可构成电液比例溢流阀、电液比例减压阀和电液比例顺序阀。

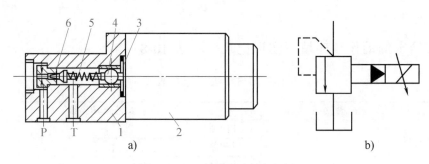

图 10-66　电液比例压力阀

a）结构　b）图形符号

1—压力阀　2—移动式力马达　3—推杆　4—钢球　5—弹簧　6—锥阀

二、电液比例流量阀

电液比例流量阀包括电液比例节流阀和电液比例调速阀两种类型。用比例电磁铁改变节流阀的开度，就成为比例节流阀。将此阀和定差减压阀组合在一起就成为比例调速阀。图 10-67 所示为电液比例调速阀，当无信号输入时，节流阀在弹簧作用下阀口关闭，无流量输出。当有信号输入时，电磁铁产生与电流大小成比例的电磁力，通过推杆 4 推动节流阀阀芯左移，使其开口 K 随电流大小而变化，得到与信号电流成比例的流量。若输入电流是连续地按比例变化，比例调速阀的流量也连续地按同样比例的规律变化。

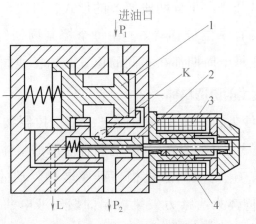

图 10-67　电液比例调速阀

1—减压阀　2—节流阀　3—比例电磁铁　4—推杆

三、电液数字阀

用计算机对电液系统进行控制是技术发展的必然趋势。但电液比例控制阀或伺服控制阀能接收的信号是连续变化的电压或电流，而计算机的指令是"开"或"关"的数字信息，要用计算机控制必须进行"数-模"转换，结果使设备复杂，成本高，可靠性降低。电液数字阀的出现为计算机在液压领域的应用开拓了一个新的途径。

电液数字阀是用数字信息直接控制阀口的启闭，从而控制液流压力、流量、方向的液压控制阀。图 10-68 所示为数字式流量控制阀。计算机发出信号后，步进电动机 1 转动，通过滚珠丝杠 2 转换为轴向位移，带动阀芯 3 移动，开启阀口。步进电动机转过一定步数，可控制阀口的一定开度，从而实现流量控制。该阀有两个节流口，其中，右节流口为非圆周通流，阀口较小；左节流口为全圆周通流，

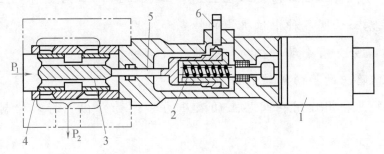

图 10-68　数字式流量控制阀

1—步进电动机　2—滚珠丝杠　3—阀芯　4—阀套　5—连杆　6—零位传感器

阀口较大。这种节流口开口大小分两段调节的形式，可改善小流量时的调节性能。该阀无反馈功能，但装有零位传感器 6，在每个控制周期终了，阀芯可在它的控制下回到零位，以保证每个周期都在相同的位置开始，使阀的重复精度比较高。

名人轶事：曾广商院士的进取精神

　　曾广商，湖南长沙人，中国工程院院士，飞行控制技术专家。他负责攻克了大型液体火箭推力矢量控制的集成天/地两种能源的整体式动压校正电液伺服机构、机械反馈式第二代电液伺服机构、毒性燃料驱动的电液伺服机构系统、氢气液压伺服系统、固体火箭推力矢量控制的燃气液电一体化伺服系统等技术难关，并使高可靠的航天多余度伺服技术和数字伺服技术获得突破和实用成果。他主持研制多种火箭推力矢量伺服机构/系统，以及百余种伺服动力、控制、测量器件，将控制新技术、火箭发动机高技术和微电子技术融集于一体，将我国火箭推力矢量伺服控制技术和高超音速气动操纵面控制技术推进到世界先进水平。

单 元 小 结

　　1）液压控制阀用来控制系统中油液的压力、流量和流动方向，从而满足执行元件对力、速度和换向的要求，可分为方向阀、压力阀和流量阀，基本参数是额定压力和额定流量。

　　2）单向阀只允许液流正向导通，反向截止，要求反向截止时密封性能好。液控单向阀可控制正、反向导通。

　　3）换向阀的种类很多，常用"位与通"及"操纵方式"来区分。

　　按位与通分，有二位二通、二位三通、二位四通、二位五通、三位四通、三位五通等。注意三位阀各种中位机能的特点和应用。

　　按操纵方式分，有手动、机动、电动、液动和电液动。

　　4）换向回路中的换向阀的选择原则。

　　5）压力阀是利用作用在阀芯上的液压力和弹簧力相平衡来控制阀口位置进行工作的。

　　溢流阀、减压阀和顺序阀都有直动式和先导式。直动式阀用于低压系统，先导式阀用于中高压系统。

6）溢流阀可用于系统调压、安全限压。先导式溢流阀利用其遥控口可进行远程调压、多级调压和使泵卸荷等。

7）减压阀是利用液流通过减压缝隙产生压降，使出口压力低于进口压力，用于一个能源同时向多个需要不同压力的支路供油的情况。

8）顺序阀主要用来控制多执行元件的系统实现顺序动作。顺序阀工作时，其进、出口的压力相等。液控顺序阀阀口的开启和关闭与进口压力无关。

9）压力继电器是将压力信号转换为电信号的电液转换元件，在系统中实现顺序控制和安全保护等功能。

10）压力控制回路是利用压力阀对系统或局部油路的压力进行控制的回路，如调压回路、减压回路、增压回路、平衡回路、卸荷回路等。

减压回路是通过减压阀的降压、稳压的作用，使系统某一支路获得低于主油路的稳定工作压力。

增压回路是利用压力较低的液压泵，获得压力较高的工作压力，从而节省能源的消耗。增压回路主要是采用增压缸的增压回路。

平衡回路是用来防止立式运动部件因自重而下滑。

卸荷回路是泵在很小输出功率下运转的回路，卸荷方式有压力卸荷和流量卸荷两种。压力卸荷是将泵的出口直接接回油箱，泵在零压或接近零压下运转。流量卸荷是使泵的流量接近零，而压力仍维持原数值，使泵以最小流量运转（用于变量泵系统）。

11）流量阀有节流阀、调速阀等。通过节流阀的流量受负载变化的影响，流量稳定性较差；通过调速阀的流量不受负载变化的影响，流量稳定性好。

12）调速回路包括节流调速、容积调速和容积节流调速三种方式。

节流调速分为进油路、回油路和旁油路节流调速，其中，进油路和回油路调速的速度-负载特性优于旁油路节流调速，但有节流损失和溢流损失，而旁油路节流调速只有节流损失而没有溢流损失，故回路效率较高。

为了提高速度稳定性，可以用调速阀代替节流阀进行调速，注意理解调速阀的调速机理。

13）容积调速克服了节流调速效率低、发热大的缺点，容积调速有三种形式，即变量泵和定量执行元件、定量泵和变量马达、变量泵和变量马达。其优点是无溢流损失和节流损失，故效率高、发热小；缺点是低速时稳定性差。

容积节流调速是由变量泵和流量阀构成的调速回路，它综合了节流调速和容积调速的优点。

14) 快速回路的作用是使执行元件获得高速，提高生产率。常用的快速回路有液压缸差动连接、双泵供油、采用蓄能器的多种回路。

15) 速度换接回路的作用是使执行元件在一个工作循环中从一种速度变换到另一种速度。速度换接的控制方式常用的有行程阀控制和电磁阀控制。行程阀安装连接较复杂，但速度换接平稳性好；电磁阀安装连接方便，但速度换接平稳性差。在选择时，要根据工程实际情况合理选择。

16) 多执行元件控制回路有顺序动作回路、同步动作回路等。常用的顺序动作回路的控制方式有压力控制和行程控制，压力控制采用顺序阀控制或压力继电器控制；行程控制采用行程阀或行程开关控制。

同步动作回路采用流量阀或串联液压缸控制多缸同步动作。

17) 电磁比例控制阀按输入的电信号连续、按比例地控制系统的压力和流量，可分为比例压力阀、比例流量阀和比例方向阀。

电液数字阀是利用数字信息直接控制阀口的启闭来控制液流的压力、流量和方向。

思 考 与 练 习

1. 填空题

1) 换向阀的工作原理是利用_____的改变来改变_____；换向阀的"位"指的是_____，"通"指的是_____。

2) 三位换向阀处于_____位置时，阀中各油口的_____方式称为中位机能。

3) 电液换向阀是以_____阀作为先导阀，以_____阀作为主阀。

4) 溢流阀是利用_____与弹簧力相平衡保持进口压力稳定，常态下阀口_____。减压阀是利用_____与弹簧力相平衡保持出口压力稳定，常态下阀口_____。

5) 溢流阀在系统中可用作_____、_____、_____、_____、_____。

6) 液控顺序阀可作_____阀用，单向顺序阀可作_____阀用。

7）压力继电器是把_____的一种信号转换元件。

8）调速阀是由_____阀和_____阀串联而成的。

9）液压系统有三种调速方法，分别为_____、_____、_____。

10）在液压系统中，按节流阀的安装位置不同可分为_____节流调速、_____节流调速、_____节流调速；其中_____节流调速的速度-负载特性最差。

11）溢流阀在进、回油路节流调速系统中起_____作用；而在变量泵及旁油路节流调速系统中起_____作用。

12）变量泵和定量马达组成的容积调速称为恒_____调速，定量泵和变量马达组成的容积调速称为恒_____调速。

2. 选择题

1）压力继电器只能（　　）系统的压力。

A. 改变　　　　　　B. 反映　　　　　　C. 减小　　　　　　D. 增大

2）顺序阀工作时的出口压力（　　）。

A. 等于零　　　　　　B. 等于进口压力

3）当液压系统的最大工作压力为5MPa时，安全阀的调定压力应为（　　）。

A. 等于5MPa　　　B. 小于5MPa　　　C. 大于5MPa

4）要使三位四通换向阀在中位工作时，泵能卸荷，采用的中位机能为（　　）。

A. P型　　　　　　B. Y型　　　　　　C. H型　　　　　　D. O型

E. M型　　　　　　F. K型

5）卸荷回路是（　　）。

A. 泵卸荷，此时泵停止转动

B. 泵卸荷，此时泵输出流量一定

C. 泵卸荷，此时泵作空载运行

6）进油路节流调速在泵的供油压力调定的情况下，回路的最大承载能力（　　）而改变。

A. 不随节流阀通流截面面积的改变　　B. 随节流阀通流截面面积的改变

3. 选择三位换向阀的中位机能时应考虑哪些问题？

4. 电液换向阀的结构特点是什么？如何调节它的换向时间？

5. 按下列要求画出换向回路：

1）实现液压缸的左、右换向。

2）实现液压缸的左、右换向，并要求缸体在运动中能随时停止。

3）实现液压缸的左、右换向，并要求液压缸在停止运动时，泵能够卸荷。

6. 能否用两个二位三通换向阀替代一个二位四通换向阀实现液压缸左、右换向，绘图并予以说明。

7. 若将先导式溢流阀的远程控制口误当成泄漏口接回油箱，系统会出现什么问题？

8. 当液压系统工作压力低于溢流阀的调定压力时，系统工作压力取决于什么？

9. 三个溢流阀的调定压力如图 10-69 所示，试问泵的供油压力有几级？其压力值各为多少？

10. 在图 10-70 所示液压系统中，各溢流阀的调整压力分别为 $p_1 = 5\text{MPa}$、$p_2 = 3\text{MPa}$、$p_3 = 2\text{MPa}$，试问：当外负载趋于无穷大时，泵的工作压力如何？

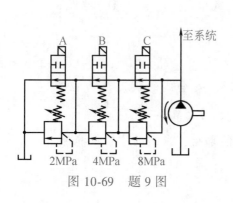

图 10-69　题 9 图

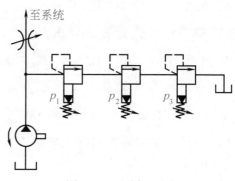

图 10-70　题 10 图

11. 在图 10-71 所示回路中，若溢流阀的调整压力为 5MPa，判断在 YA 断电、负载无穷大或负载压力为 3MPa 时，系统的工作压力分别为多少？当 YA 通电、负载压力为 3MPa 时，系统的工作压力又是多少？

12. 如图 10-72 所示，已知液压缸无杆腔有效作用面积 $A_1 = 100\text{cm}^2$，液压泵的供油量 $q_P = 63\text{L/min}$，溢流阀的调定压力 $p_y = 5\text{MPa}$，求当负载 $F = 0$ 或 54kN 时，液压缸的工作压力、活塞的运动速度和溢流阀的溢流量（忽略任何损失）。

13. 减压阀的出口压力取决于什么？其出口压力为定值的条件是什么？

14. 压力继电器的作用是什么？其在液压系统中应安装在什么位置？

15. 在图 10-73 所示回路中，溢流阀的调整压力为 5MPa，减压阀的调整压力为 2.5MPa，试分析下列各种情况，并说明减压阀阀口处于什么状态。

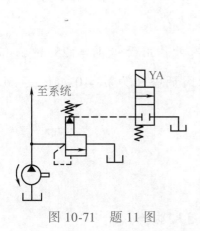

图 10-71　题 11 图

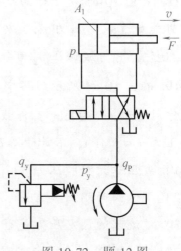

图 10-72　题 12 图

1）当泵压力等于溢流阀调定压力时，夹紧缸使工件夹紧后，A、C 点处的压力各为多少？

2）当泵压力由于工作缸快进，压力降到 1.5MPa 时，A、C 点处的压力各为多少（工件原先处于夹紧状态)？

3）夹紧缸在夹紧工件前作空载运动时，A、B、C 三点处的压力各为多少？

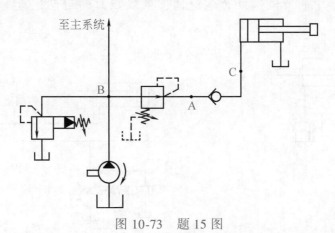

图 10-73　题 15 图

16. 在图 10-37a 所示的平衡回路中，若液压缸无杆腔有效作用面积 $A_1 = 80 \times 10^{-4} m^2$，有杆腔有效作用面积 $A_2 = 40 \times 10^{-4} m^2$，活塞与运动部件的重力 $G = 6000N$，运动时活塞上的摩擦阻力 $F_f = 2000N$，向下运动时要克服的负载阻力 $F_L = 24000N$，试问顺序阀和溢流阀的最小调整压力应各为多少？

17. 节流阀最小稳定流量有何实际意义？影响节流阀最小稳定流量的主要因素有哪些？

18. 在图 10-45 所示回油路节流调速回路中，当负载 F 很小时，有杆腔的油压 p_2 有可能超过泵的压力 p_P 吗？若 $A_1 = 50\text{cm}^2$，$A_2 = 25\text{cm}^2$，$p_P = 3\text{MPa}$，试求当负载 $F = 0$ 时，有杆腔油压 p_2 可能比泵压力 p_P 高多少？

19. 在图 10-74 所示回路中，液压缸无杆腔有效作用面积 $A_1 = 125\text{cm}^2$，有杆腔有效作用面积 $A_2 = 90\text{cm}^2$，负载 $F = 22\text{kN}$，背压阀调整压力 $p_2 = 0.4\text{MPa}$，溢流阀调整压力 $p_y = 5\text{MPa}$，不计管路压力损失，试计算：

1）液压缸无杆腔压力 p_1。

2）调速阀两端压差 Δp。

3）溢流阀的调定压力是否合理？为什么？

20. 在一泵多缸系统中实现顺序动作的方法有哪些？

21. 在图 10-75 所示回路中，两液压缸的结构尺寸完全相同，液压缸 1 的负载比液压缸 2 的大，如不考虑泄漏、摩擦等因素，试问：

1）两液压缸是否先后动作？运动速度是否相等？

2）如将回油路中的节流阀阀口全部打开，使该处压降为零，两液压缸的动作顺序及运动速度有何变化？

3）如将回路中的节流阀改为调速阀，两液压缸的运动速度是否相等？

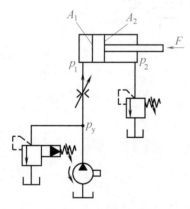

图 10-74 题 19 图

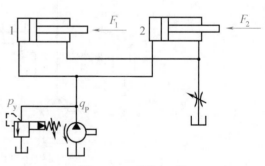

图 10-75 题 21 图

单元11

液压传动系统实例

液压传动系统是根据机械设备的工作要求选用适当的液压基本回路经有机组合而构成的，其工作原理一般用液压系统原理图来表示。液压系统原理图是用标准图形符号绘制的，仅表示各个液压元件及它们之间的连接与控制方式，并不代表它们的实际尺寸大小和空间位置。

正确、快速地读懂和分析液压系统原理图，对于液压设备的设计、分析、调整、使用、维护和故障排除均具有重要的指导作用。

本单元通过对几台设备的液压系统实例进行分析，进而学会阅读和分析液压系统的方法和步骤。

阅读和分析一个较复杂的液压系统原理图可按以下方法和步骤进行：

1）了解设备的功用及对液压系统动作和性能的要求。

2）初步分析液压系统原理图，并按执行元件数将其分解为若干个子系统。

3）对每个子系统进行分析，分析组成子系统的基本回路及各液压元件的作用，按执行元件的工作循环分析实现每步动作的进油和回油路线。

4）根据设备对系统中各子系统之间的顺序、同步、互锁、防干扰等要求，分析各子系统之间的联系，读懂整个液压系统的工作原理。

5）归纳总结液压系统的特点，以加深对整个液压系统的理解。

【学习目标】

➯读懂、理解液压系统原理图。

➯能够分析液压系统的组成及各元件在系统中的作用。

➯初步学会分析液压系统的特点。

学习任务 1 组合机床动力滑台的液压系统

组合机床是由按系列化、标准化、通用化原则设计的通用部件以及按工件形状和加工工艺要求设计的专用部件所组成的高效专用机床。液压动力滑台是组合机床上用以实现进给运动的一种通用部件，其运动是靠液压缸驱动的，滑台台面上可安装动力箱、多轴箱及各种专用主轴头，可实现钻、扩、铰、镗、铣、刮端面及攻螺纹等加工。它对液压系统性能的主要要求是速度换接平稳、进给速度稳定、功率利用合理、效率高、发热小。现以 YT4543 型液压动力滑台为例，分析其工作原理和特点。该滑台最大进给力为 45kN，快进速度约为 6.5m/min，进给速度范围为 6.6~600mm/min，它完成的典型工作循环：快进→一工进→二工进→死挡铁停留→快退→原位停止。YT4543 型液压动力滑台液压系统原理图如图 11-1 所示。

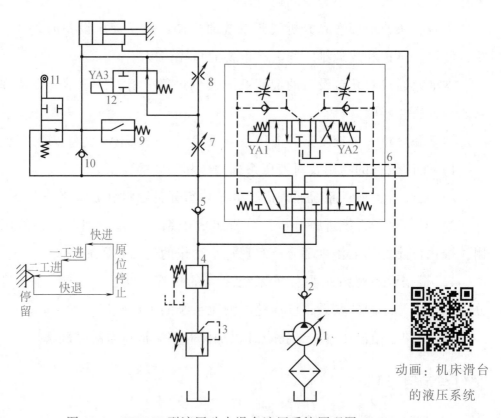

动画：机床滑台的液压系统

图 11-1　YT4543 型液压动力滑台液压系统原理图

1—变量泵　2、5、10—单向阀　3—背压阀　4—液控顺序阀　6—电液换向阀

7、8—调速阀　9—压力继电器　11—行程阀　12—电磁换向阀

一、YT4543 型动力滑台液压系统的工作原理

1. 快进

如图 11-1 所示，按下起动按钮，电磁铁 YA1 通电，电液换向阀 6 的先导阀左位工作，由变量泵 1 输出的压力油经先导阀进入液动换向阀的左侧，使其也处于左位工作，这时的主油路工作情况如下。

进油路：变量泵 1→单向阀 2→电液换向阀 6→行程阀 11→液压缸左腔。

回油路：液压缸右腔→电液换向阀 6→单向阀 5→行程阀 11→液压缸左腔。

由此形成液压缸两腔连通，实现差动快进。由于快进负载小，系统压力低，变量泵输出最大流量。

2. 第一次工作进给

当滑台快进到预定位置时，挡块压下行程阀 11，切断了该通路，电磁铁 YA1 继续通电，液动换向阀仍处于左位工作，这时，压力油只能经调速阀 7、电磁换向阀 12 进入液压缸左腔，由于工进时系统压力升高，变量泵 1 的输油量便自动减小，且与一工进调速阀 7 开口相适应，此时液控顺序阀 4 打开，单向阀 5 关闭，切断了液压缸的差动连接油路。液压缸右腔的回油经背压阀 3 流回油箱，这样就使滑台由快进转为第一次工作进给，进给量大小由调速阀 7 调节。其主油路工作情况如下。

进油路：变量泵 1→单向阀 2→电液换向阀 6→调速阀 7→电磁换向阀 12→液压缸左腔。

回油路：液压缸右腔→电液换向阀 6→液控顺序阀 4→背压阀 3→油箱。

3. 第二次工作进给

第一次工作进给终了时，挡块压下行程开关使电磁铁 YA3 通电，电磁换向阀 12 将通路切断，这时油液必须经调速阀 7 和 8 才能进入液压缸左腔，回油路和第一次工作进给时完全相同，此时，变量泵 1 输出的流量自动与二工进调速阀 8 的开口相适应。故进给量大小由调速阀 8 调节。

4. 死挡铁停留

当滑台完成第二次工作进给碰到死挡铁时，滑台即停留在死挡铁处，此时液压缸左腔的压力升高，使压力继电器 9 发出信号给时间继电器，滑台停留时间由时间继电器调定。

5. 快退

滑台停留时间结束后，时间继电器发出信号，使电磁铁 YA1、YA3 断电，YA2 通电，这时，电液换向阀 6 的先导阀右位工作，液动换向阀在其控制压力油作用下也处于右位工作。因滑台返回时负载小，系统压力下降，变量泵输出的流量又自动恢复到最大，滑台快速退回。其主油路工作情况如下。

进油路：变量泵 1→单向阀 2→电液换向阀 6→液压缸右腔。

回油路：液压缸左腔→单向阀 10→电液换向阀 6→油箱。

6. 原位停止

当滑台退回到原位时，挡块压下原位行程开关，发出信号，使电磁铁 YA2 断电，换向阀处于中位，液压缸两腔油路封闭，滑台停止运动。这时，液压泵输出的油液经电液换向阀 6 直接回油箱，变量泵 1 在低压下卸荷。

表 11-1 是该系统的电磁铁和行程阀的动作顺序表。表中"+"号表示电磁铁通电或行程阀压下，"-"号表示电磁铁断电或行程阀复位。

表 11-1　电磁铁和行程阀的动作顺序

工　况	YA1	YA2	YA3	行程阀
快进	+	-	-	-
一工进	+	-	-	+
二工进	+	-	+	+
死挡铁停留	+	-	+	+
快退	-	+	-	±
原位停止	-	-	-	-

二、YT4543 型液压动力滑台液压系统的特点

1）采用了变量泵和调速阀组成的容积节流调速回路，无溢流功率损失，系统效率较高；且能获得稳定的低速和较好的速度-负载特性以及较大的调速范围。

2）进油调速在回油路上设置了背压阀，改善了运动的平稳性。

3）采用了变量泵和液压缸的差动连接，实现快进，功率利用合理。

4）采用了行程阀和液控顺序阀，实现快进与工进的转换，使速度换接平稳、可靠，且位置准确。

5）采用电液换向阀的换向回路，换向平稳，无冲击。

想一想

根据图 11-1 所示的 YT4543 型液压动力滑台液压系统原理图分析回答下列问题：

1）图中液控顺序阀 4 和单向阀 5 在系统中起什么作用？

2）当滑台进入工进状态，但切削刀具尚未接触被加工工件时，是什么原因使系统压力升高并将液控顺序阀 4 打开？

学习任务 2　数控机床的液压系统

随着机电技术的不断发展，特别是数控技术的飞速发展，液压与气动技术在数控机床、数控加工中心及柔性制造系统中得到了充分利用。下面以数控车床为例说明液压技术在数控机床上的应用。

MJ-50 型数控车床的卡盘夹紧与松开、卡盘夹紧力的高低压转换、回转刀架的松开与夹紧、刀架刀盘的正转与反转、尾座套筒的伸出与退回都是由液压系统驱动的。液压系统中各电磁铁的动作是由数控系统的 PLC 控制实现的。

图 11-2 所示为 MJ-50 型数控车床液压系统原理图。该液压系统采用变量泵供油，系统压力调至 4MPa，其工作原理分析如下。

一、卡盘的夹紧与松开

主轴卡盘的夹紧与松开由电磁换向阀 4 控制。卡盘的高压夹紧与低压夹紧转换，由电磁换向阀 5 控制。

当卡盘处于正卡（也称外卡）且在高压夹紧状态时，夹紧力的大小由减压阀 9 来调节。当电磁铁 YA3 断电、YA1 通电时，系统压力油经减压阀 9→电磁换向阀 5→电磁换向阀 4→液压缸右腔；液压缸左腔的油液经电磁换向阀 4 直接回油箱，活塞杆左移，卡盘夹紧。反之，当电磁铁 YA2 通电时，系统压力油经减压阀 9→电磁换向阀 5→电磁换向阀 4→液压缸左腔；液压缸右腔的油液经电磁换向阀 4 直接回油箱，活塞杆右移，卡盘松开。

当卡盘处于外卡且在低压夹紧状态时，夹紧力的大小由减压阀 10 来调节。当电磁铁 YA1、YA3 通电时，系统压力油经减压阀 10→电磁换向阀 5→电磁换向阀 4→液压缸右腔；液压缸左腔的油液经电磁换向阀 4→油箱，活塞杆向左移动，卡

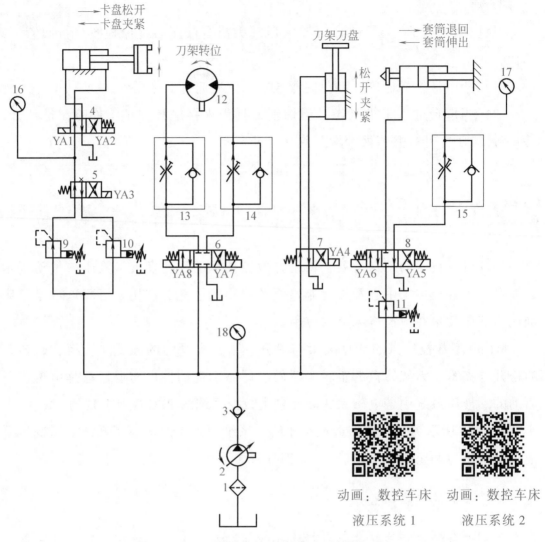

图 11-2　MJ-50 型数控车床液压系统原理图

1—过滤器　2—液压泵　3—单向阀　4、5、6、7、8—电磁换向阀

9、10、11—减压阀　12—液压马达　13、14、15—单向调速阀　16、17、18—压力表

盘夹紧。反之，当电磁铁 YA2、YA3 通电时，系统压力油经减压阀 10→电磁换向阀 5→电磁换向阀 4→液压缸左腔；液压缸右腔的油液经电磁换向阀 4→油箱，卡盘松开。

二、回转刀架动作

回转刀架换刀时，首先是刀盘松开，然后刀盘转到指定的刀位，最后刀盘夹紧。刀盘的夹紧与松开由一个二位四通电磁换向阀 7 控制。刀盘可正反转，由电磁换向阀 6 控制，其转速分别由单向调速阀 13 和 14 调节控制。

当电磁铁 YA4 通电时，刀盘松开；当电磁铁 YA8 通电时，系统压力油经电磁换向阀 6→单向调速阀 13→液压马达 12，刀架正转。当电磁铁 YA7 通电时，系统压力油经电磁换向阀 6→单向调速阀 14→液压马达 12，刀架反转；当电磁铁 YA4 断电时，刀盘夹紧。

三、尾座套筒伸缩动作

尾座套筒的伸出与退回由电磁换向阀 8 控制。当电磁铁 YA6 通电时，系统压力油经减压阀 11→电磁换向阀 8→液压缸左腔；液压缸右腔油液经单向调速阀 15→电磁换向阀 8→油箱，套筒伸出。套筒伸出时的预紧力大小由减压阀 11 来调节，伸出速度由单向调速阀 15 控制。反之，当电磁铁 YA5 通电时，系统压力油液经减压阀 11→电磁换向阀 8→单向调速阀 15→液压缸右腔，这时液压缸左腔的油液经电磁换向阀 8 直接回油箱，套筒退回。电磁铁动作顺序见表 11-2。

表 11-2 电磁铁动作顺序

动 作			YA1	YA2	YA3	YA4	YA5	YA6	YA7	YA8
卡盘正卡	高压	夹紧	+	−	−					
		松开	−	+	−					
	低压	夹紧	+	−	+					
		松开	−	+	+					
卡盘反卡	高压	夹紧	−	+	−					
		松开	+	−	−					
	低压	夹紧	−	+	+					
		松开	+	−	+					
回转刀架	刀架正转								−	+
	刀架反转								+	−
	刀盘松开					+				
	刀盘夹紧					−				
尾座	套筒伸出						−	+		
	套筒退回						+	−		

想一想

根据图 11-2 所示的 MJ-50 型数控车床液压系统原理图分析回答下列问题：

1）刀架转位尾座套筒伸缩速度调节采用的是哪种调速方法？

2）图中的电磁换向阀 5 实际上是作为几位几通换向阀使用？试画出其实际图形符号。

名人轶事：杨华勇——给国产盾构铸心 为产学结合添翼

杨华勇：中国工程院院士，流体传动与控制领域专家。"电液驱动和控制系统的研发是盾构的'心脏'，是国外技术封锁最严的部分，也是盾构隧道工程施工中解决失稳、失效、失准三大国际难题的核心所在。"杨华勇和他的团队围绕"三失"难题，攻克了压力稳定性、载荷顺应性、多系统协调性三大关键技术，突破了装备内部密封舱压力动态平衡控制、载荷顺应性系统设计、功率自适应电液驱动、姿态测量与实时预测、推进纠偏与复合控制5个技术难点，研制了密封舱压力控制、机构和驱动、推进与纠偏三大系统。

"中国中铁一号"盾构机作为我国第一台自主设计与制造的复合式盾构样机，其成功为国产盾构打开了市场。

技能实训 19　液压系统的安装调试

1. 实训目的

1) 熟练掌握液压系统回路安装、调试步骤和方法。

2) 学会系统中各调节元件的调节方法。

2. 实训内容及步骤

专用铣床工作台液压系统原理图如图 11-3 所示。该系统可完成"快进→工进→快退→停止"工作循环。该系统采用液压缸差动连接实现执行元件快速进给，停机时液压泵卸荷，并且可以保证机床调整时停在任意位置上。

1) 阅读液压系统原理图，搞清该铣床工作台要求完成的工艺过程。

2) 按液压系统原理图中各元件的图形符号选择好液压元件及辅助元件，并将其安装在实训台上的适当位置。

3) 根据液压系统原理图进行油路和电路连接，并检查油路和电路连接是否正确，请指导教师查阅。

4) 打开电源，起动液压泵，改变电磁铁

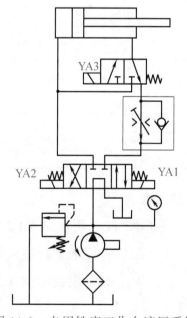

图 11-3　专用铣床工作台液压系统

通、断电，并对调节元件进行适当调节。观察液压系统的运行情况。

5）经指导教师检查评价后，关闭电源，拆下管路及元件并放回原来的位置。

3. 实训思考题

1）填写实训记录表（表11-3）。

2）铣床工作台液压系统采用的是哪种调速方式？为什么？

表 11-3　实训记录表

工况	电磁铁			油液流动路线
	YA1	YA2	YA3	
快进				进油路：
				回油路：
工进				进油路：
				回油路：
快退				进油路：
				回油路：
停止				回油路：

单 元 小 结

1）阅读和分析液压传动系统时，首先要了解设备的功用，搞清设备对液压系统的性能要求。然后把整个系统分解为若干个子系统，从子系统到基本回路再到各个元件，按照执行元件的工作循环图逐个动作进行油路分析。

2）搞清组合机床动力滑台的功用，读懂液压系统图。分析系统的组成及特点。

3）读懂数控车床液压系统，注意系统中的减压回路和调速回路中压力和速度调节。车床控制部分的功能是由电磁阀和PLC实现的。

思 考 与 练 习

1. 在图11-4所示的液压系统原理图中，已知液压缸直径 $D=40$mm，活塞杆直径 $d=25$mm，节流阀的最小稳定流量为 50mL/min，若工进速度 $v=5.6$cm/min，系统是否可以满足要求？若不能满足要求应作何改进？并填写电磁铁动作顺序表（表11-4）。

2. 某一液压系统原理图如图11-5所示，试填写电磁铁动作顺序表（表11-5），并写出各工况的进、回油路。

表 11-4　电磁铁动作顺序表

工　　况	电磁铁			
	YA1	YA2	YA3	YA4
快进				
工进				
快退				
停止				

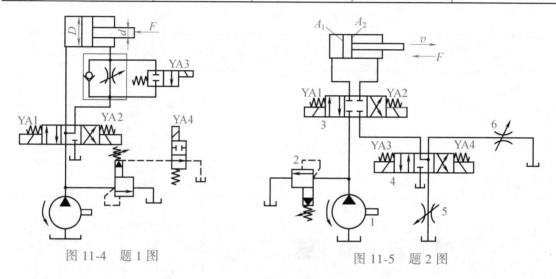

图 11-4　题 1 图

图 11-5　题 2 图

表 11-5　电磁铁动作顺序表

工　　况	电磁铁			
	YA1	YA2	YA3	YA4
快进				
一工进				
二工进				
快退				
停止				

3. 在图 11-6 所示液压系统原理图中，已知液压缸活塞直径 $D=70\text{mm}$，活塞杆直径 $d=50\text{mm}$，工作负载 $F=15\text{kN}$，一切摩擦忽略不计，快进速度 $v_1=5\text{m/min}$，工进速度 $v_2=0.05\text{m/min}$，调速阀压差 $\Delta p=0.5\text{MPa}$，系统总的压力损失 $\sum\Delta p=0.5\text{MPa}$。试绘出其工作循环图，制作并填写电磁铁动作顺序表，计算并选择系统所需要的元件型号；指明该系统是由哪些基本回路组成的。

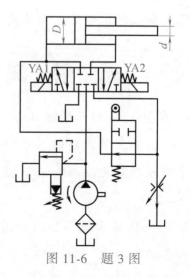

图 11-6　题 3 图

4. 试设计一液压系统,要求执行元件为单出杆液压缸,并在任意位置能停止、快进、快退速度相等,采用进油路调速方式;其工作循环:快进→工进→死挡铁停留→快退→原位停止。

设计内容:画出执行元件动作循环图及液压系统原理图;列出电磁铁、压力继电器动作顺序表。

单元12

液压系统的安装调试与故障分析

本单元主要介绍液压系统安装、调试和使用过程中应注意的问题，以及液压系统常见故障的诊断和排除方法。

【学习目标】

- 了解液压系统安装与调试的一般规范、步骤和方法。
- 逐步学会液压系统的安装与调试。
- 逐步学会液压系统的故障分析与排除方法。
- 能独立分析问题和解决简单故障。

学习任务1　液压系统的安装与调试

液压系统的安装与调试是保证液压设备正常可靠运行的一个重要环节。液压系统安装工艺不合理，或出现安装错误，以及液压系统中有关参数调整得不合理，将会造成液压系统无法运行，给生产带来巨大的经济损失，甚至造成重大事故。因此必须重视液压系统的安装与调试这一环节。

一、液压装置的配置形式

一个能实现一定功能的液压系统是由若干个液压阀有机地组合而成的。液压阀的安装连接形式与液压系统的结构形式和元件的配置形式有关。液压装置的结构形式有集中式和分散式两种。

（1）集中式　集中式是将液压系统的动力源、阀类元件集中安装在主机外的液压泵站上，其优点是安装与维修方便，并能消除动力源振动和油温对主机工作的影响。

（2）分散式　分散式是将液压系统的动力源、阀类元件分散在设备各处，如以机床床身或底座作油箱，把控制调节元件设置在便于操作的地方。这种结构形式的优点是结构紧凑，占地面积小；缺点是动力源的振动、发热等都对设备的工作精度产生不利影响。生产线液压装置的结构形式属于分散式，由于设备较多以及液压系统较庞大，一般不设置集中泵站，而是以工位为基本单元自带油源装置，阀类元件通过连接板配置在本工位的设备上，这样便于安装、调试及维修。

二、液压阀的连接

1. 管式连接

管式连接是将管式液压阀用管接头及油管连接起来，流量大的则用法兰连接。管式连接不需要其他专门的连接元件，其优点是系统中各阀间油液走向一目了然；缺点是结构分散，占用空间较大，管路交错，不便于装拆、维修，管接头处易漏油和侵入空气，而且易产生振动和噪声，目前很少采用。

2. 板式连接

板式连接是将板式液压阀统一安装在连接板上，采用的连接板有以下几种形式。

（1）单层连接板　如图12-1所示，阀类元件装在竖立的连接板的前面，阀间油路在板后用油管连接。这种连接板简单，检查油路方便，但板上管路多，装拆不方便，占用空间大。

（2）双层连接板　在两板间加工出连接阀的油路，两块板再用黏结剂或螺钉固定在一起，工艺简单，结构紧凑，但系统压力高时易出现漏油串腔问题。

（3）整体连接板　如图12-2所示，在板中钻孔或铸孔作为连接油路，工作可靠，但钻孔工作量大，工艺较复杂，如用铸孔，则清砂较困难。

3. 集成块式

图12-3所示为集成块式液压装置示意图。将板式液压元件安装在集成块周围的三个面上，另外一面则安装管接头，通过油管连接液压执行元件。在集成块内根据各控制油路设计加工出所需要的油路通道，从而取代了油管连接。集成块的上、下面是块与块的接合面，在接合面加工有相同位置的进油孔、回油孔、泄漏油孔、测压油路孔以及安装螺栓孔。集成块与装在其周围的元件构成一个集成块组，可以完成一定典型回路的功能，如调压回路块、调速回路块等。将所需的几

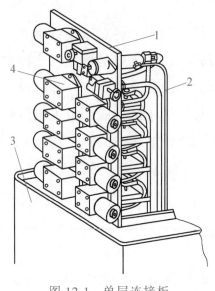

图 12-1　单层连接板

1—连接板　2—油管　3—油箱　4—阀

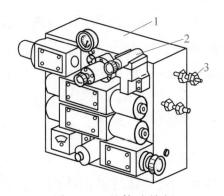

图 12-2　整体连接板

1—油路板　2—阀　3—管接头

种集成块叠加在一起，就可以构成整个集成块式的液压传动系统。其优点是结构紧凑，占地面积小，便于装卸和维修，抗外界干扰性好，节省大量油管，并具有标准化、系列化产品，可以选用并组合成各种液压系统。它广泛应用于各种中高压和中低压液压系统中。

4. 叠加阀式

叠加阀式是液压装置集成化的另一种方式，是由叠加阀直接连接而成的，不需要另外的连接体，而是以它自身的阀体作为连接体直接叠加而组成所需的液压系统。

如图 12-4 所示，一般叠加阀式液压装置的最下边为底板，在底板上有进油口、回油口以及通向液压执行元件的孔口，向上依次叠加各种压力阀和流量阀，最上层为换向阀，一个叠加阀组一般控制一个液压执行元件。用叠加阀组成的液压系统，可实现液压元件间无管化集成连接，使液压系统的连接方式大为简化，结构紧凑，体积小，功耗减少，设计安装周期缩短。

三、液压系统的安装

液压系统是由各种液压元件、辅助元件组成的，各元件之间由管路、管接头、连接体等零件有机地连接起来，组成一个完整的液压系统。液压系统安装正确与否，直接影响设备的工作性能和可靠性。

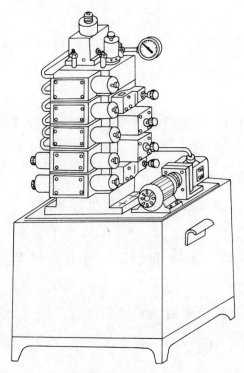

图 12-3　集成块式液压装置示意图

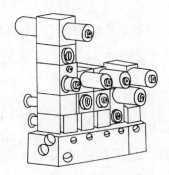

图 12-4　叠加阀式液压装置示意图

1. 安装前的准备工作与要求

1）认真分析液压系统工作原理图、管道连接图以及有关液压元件的使用说明书。

2）按图样准备好所需的液压元件、部件、辅助元件，并认真检查是否完好无损。

3）用煤油清洗液压元件，专用件应进行必要的密封和耐压试验。

2. 液压元件的安装与要求

1）安装各种泵、阀时，必须注意各油口的位置，不能接错；各油口要紧固，密封可靠，不得漏气和漏油。

2）液压泵轴与电动机轴的同轴度公差不应大于 $\phi0.1mm$，两轴中心线的倾角不应大于 $1°$。

3）液压缸的安装应保证活塞（柱塞）的轴线与运动部件导轨面平行度的要求。

4）方向阀一般应水平安装，蓄能器应沿轴线安装。

3. 管路的安装与要求

1）先试装系统管道，之后用质量分数为 20% 的硫酸或盐酸溶液进行酸洗，再用质量分数为 10% 的苏打水中和 10min，最后用温水冲洗，待干燥涂油后进行二次安装。

2）管道布置要整齐，短而平直，弯管的最小弯曲半径应不小于管外径的 3 倍。

3）泵的吸油高度要小于 0.5m，保证管路密封良好。

4）吸油管与回油管不能离得太近，以免将温度较高的油液吸入系统。

5）各元件的泄油管最好单设回油管路。

6）吸油管路上应设过滤精度为 0.1~0.2mm 的过滤器，并有足够的通油能力。

7）回油管应插入油面以下足够的深度，以免油液飞溅形成气泡。

四、液压系统的调试

1. 空载调试

空载调试的目的是全面检查液压系统各回路、各元件工作是否正常，工作循环或各种动作的自动转换是否符合要求。

1）将溢流阀的调压旋钮放松，使其控制压力能维持油液循环时的最低值，系统中如有节流阀、减压阀，则应将其调整到最大开度。

2）起动液压泵，先点动确定泵的旋向，而后检查泵在卸荷状态下的运转。

3）调整系统压力。在调整溢流阀时，压力从零开始逐步调高，直至达到规定的压力值。

4）调整流量阀。先逐步关小流量阀，检查执行元件能否达到规定的最低速度及平稳性，然后按其工作要求的速度调整。

5）调整自动工作循环和顺序动作等，检查各动作的协调性和正确性。

6）在空载工况下，各工作部件按预定的工作循环连续运转 2~4h 后，检查油温是否在 30~60℃ 的规定范围内，检查系统所要求的各项精度。一切正常后，方可进行负载调试。

2. 负载调试

负载调试是在规定负载工况下运转，进一步检查系统能否满足各种参数和性能要求，如有无噪声、振动和外泄漏现象，系统的功率损耗和油液温升等。

负载调试时，一般应先在低于最大负载和速度的工况下试车，如果轻载试车一切正常，才逐渐将压力阀和流量阀调节到规定值。溢流阀的调整压力一般要大于执行元件所需工作压力的 10%～25%；快速运动液压泵的压力阀的调整压力一般大于所需压力的 10%～20%；当以卸荷压力供给控制油路和润滑油路时，压力应保持在 0.3～0.6MPa；压力继电器调整压力一般应比供油压力低 0.3～0.6MPa，进行最大负载试车，若系统工作正常便可交付使用。

五、液压系统的使用与维护

1. 液压系统的使用

1）保持油液清洁。油箱在灌油前要进行清洗，加油时油液要用 120 目的滤网过滤，油箱应加以密封并设置空气过滤器。对油液进行定期检查，一般半年至一年更换一次。

2）随时清除液压系统中的气体，以防系统产生爬行和引起油液变质。

3）油箱内的油温一般控制在 30～60℃，温升过高时，可采取冷却措施。

4）设备若长期不用，应将各调节旋钮全部放松，防止弹簧产生永久变形而影响元件的性能。

2. 液压系统的维护保养

维护保养分日常维护、定期检查和综合检查三个阶段进行。

（1）日常维护　通常采用目视、耳听及手触感觉等较简单的方法。在泵起动前、后和停止运转前，检查油量、油温、压力、漏油、噪声及振动等情况，并随之进行维护和保养，对重要的设备应填写"日常维护卡"。

（2）定期检查　包括调查日常维护中发现异常现象的原因并进行排除。对需要维修的部位，必要时进行分解检修。一般与过滤器的检修期相同，通常为 2～3个月。

（3）综合检查　大约一年一次，主要内容是检查液压装置的各元件和部件，判断其性能和寿命，并对产生故障的部位进行检修，对经常发生故障的部位提出改进意见。定期检查和综合检查均应做好记录，作为设备出现故障时查找原因或设备大修的依据。

学习任务 2　液压系统故障分析与排除

一、液压控制元件和液压系统的常见故障

液压系统发生故障的概率随着时间而变化，大致可分为三个阶段，即初期故障阶段、正常工作阶段和寿命故障阶段。初期故障阶段时间较短，但发生故障的概率较高。此阶段发生故障的主要原因：一是新系统设计可能存在一定问题，这时要根据系统的性能要求改进设计；二是系统安装工艺不合理及系统调试不当。对于此类故障，一般从泵站到执行元件依次进行诊断。保证安装精度，进行合理调试后，故障会逐渐减少，从而转入正常工作阶段。在正常工作阶段中，系统故障只有偶然发生。对于此类故障，可根据发生故障的现象寻找造成故障的元件，给予修复或更换，不一定非得从液压泵开始依次查找。由于液压元件的磨损和疲劳等原因，使系统进入一个新的故障阶段，即寿命故障阶段。随着时间的延长，发生故障的概率越来越高。

总之，设备在运行中出现的故障大致有五类，即漏油、发热、振动、压力不稳定和噪声。

二、液压系统常见故障的排除方法

当液压系统发生故障时，应认真、仔细地分析，这不仅要了解液压传动系统的工作原理，还要了解每个元件的结构原理及作用。诊断方法有耳听、目测、手感等，必要时可用专用仪器和试验设备进行检测。通过理论知识的学习和实践经验的不断积累，便可逐渐学会液压系统故障的分析和排除方法。液压系统故障诊断流程如图 12-5 所示。液压系统常见故障及其原因和排除方法见表 12-1。

液压系统故障的诊断必须按照一定的程序进行，即根据液压系统的基本工作原理进行逻辑分析，减少怀疑对象，逐渐逼近，找出故障发生的部位和元件。

1）液压系统出现故障大致可归纳为五大问题，即动作失灵、振动和噪声、系统压力不稳定、发热及油液污染严重。

2）审核液压系统图。对于新系统在调试中出现的故障，首先要认真分析液压系统设计是否合理，各压力阀及流量阀调节是否合理；对于运行中的系统，要结合液压系统原理图检查各元件，确认其性能和作用，评定其质量状况。

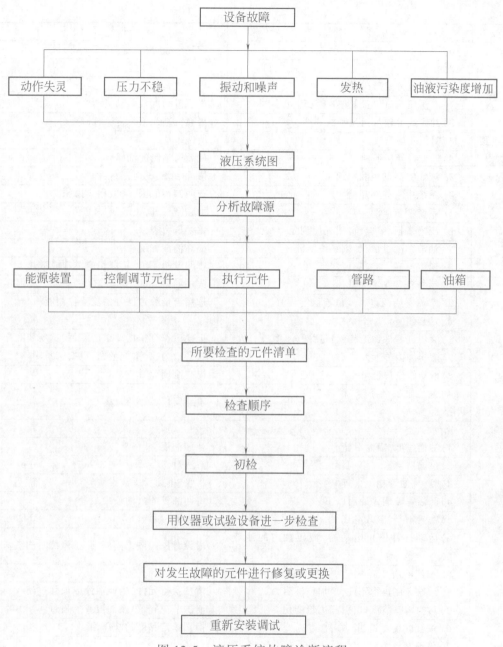

图 12-5 液压系统故障诊断流程

表 12-1 液压系统常见故障及其原因和排除方法

常见故障	原　因	排 除 方 法
无压力或压力提不高	1. 液压泵	
	1）液压泵转向错误	改变转向
	2）泵体或配流盘缺陷，吸压油腔互通	更换零件
	3）零件磨损，间隙过大，泄漏严重	修复或更换零件
	4）油面太低，液压泵吸空	补加油液
	5）吸油管路密封不严，造成吸空，进油吸气	拧紧接头，检查管路，加强密封

（续）

常见故障	原　因	排　除　方　法
无压力或压力提不高	6）压油管路密封不严,造成泄漏	拧紧接头,检查管路,加强密封
	2. 溢流阀	
	1）弹簧疲劳变形或折断	更换弹簧
	2）滑阀在开口位置卡住,无法建立压力	修研滑阀使其移动灵活
	3）锥阀或钢球与阀座密封不严	更换锥阀或钢球,配研阀座
	4）阻尼孔堵塞	清洗阻尼孔
	5）远控口误接回油箱	截断通油箱的油路
	3. 液压缸高低压腔相通	修配活塞,更换密封件
	4. 系统中某些阀卸荷	查明卸荷原因,采取相应措施
	5. 系统严重泄漏	加强密封,防止泄漏
	6. 压力表损坏失灵造成无压现象	更换压力表
	7. 油液黏度过低,加剧系统泄漏	提高油液黏度
	8. 温度过高,油液黏度降低	查明发热原因,采取相应措施或散热
爬行	1. 系统负载刚度太低	改进回路设计
	2. 节流阀或调速阀流量不稳定	选用流量稳定性好的流量控制阀
	3. 液压缸	
	1）液压缸零件加工装配精度超差,摩擦力大	更换不符合精度要求的零件,重新装配
	2）液压缸内外泄漏严重	修研缸内孔,重配活塞,更换密封圈
	3）液压缸刚度低	提高刚度
	4）液压缸安装不当,精度超差,与导轨轴线不平行	重新安装,调平行度
	4. 混入空气	
	1）油面过低,吸油不畅	补加油液
	2）过滤器堵塞	清洗过滤器
	3）吸、排油管相距太近	将吸、排油管远离设置
	4）回油管没插入油面以下	将回油管插入油液中
	5）密封不严,混入空气	加强密封
	6）运动部件停止运动时,液压缸内的油液流失	增设背压阀或单向阀,防止停机时油液流失
	5. 油液不洁	
	1）污物卡住执行元件,增加摩擦阻力	清洗执行元件,更换油液或加强过滤
	2）污物堵塞节流口,引起流量变化	清洗节流阀,更换油液或加强过滤
	6. 油液黏度不适当	换用指定黏度的液压油
	7. 外部摩擦力	
	1）拖板楔铁或压板调得过紧	重新调整
	2）导轨等导向机构精度不高,接触不良	按规定刮研导轨,保证接触精度
	3）润滑不良,油膜破坏	改善润滑条件
液压冲击	1. 液压缸	
	1）运动速度过快,没设置缓冲装置	设置缓冲装置
	2）缓冲装置中单向阀失灵	检修单向阀
	3）液压缸与运动部件连接不牢固	紧固连接螺栓
	4）液压缸缓冲柱塞锥度太小,间隙太小	按要求修理缓冲柱塞
	5）缓冲柱塞严重磨损,间隙过大	配制缓冲柱塞或活塞
	2. 节流阀开口过大	调整节流阀

（续）

常见故障	原　　因	排　除　方　法
液压冲击	3. 换向阀	
	1）电液换向阀中的节流螺钉松动	调整节流螺钉
	2）电液换向阀中的单向阀卡住或密封不良	修研单向阀
	3）滑阀运动不灵活	修配滑阀
	4. 压力阀	
	1）工作压力调得太高	调整压力阀,适当降低工作压力
	2）溢流阀发生故障,压力突然升高	排除溢流阀故障
	3）背压阀压力过低	适当提高背压力
	5. 没有设置背压阀	设置背压阀或节流阀使回油产生背压
	6. 垂直运动的液压缸下腔没采取平衡措施	设置平衡阀,平衡重力作用产生的冲击
	7. 混入空气	
	1）系统密封不严,吸入空气	加强密封
	2）停机时执行元件油液流失	回油管路设置单向阀或背压阀,防止元件内油液流失
	3）液压泵吸空	加强吸油管路密封,补足油液
	8. 运动部件惯性力引起换向冲击	设置制动阀
	9. 油液黏度太低	更换油液
振动和噪声	1. 液压泵	
	1）油液不足,造成吸空	补足油液
	2）液压泵位置太高	调整液压泵吸油高度
	3）吸油管道密封不严,吸入空气	加强吸油管道的密封
	4）油液黏度太大,吸油困难	更换液压油
	5）工作温度太低	提高工作温度,加热油箱
	6）吸油管截面太小	增大吸油管直径或将吸油管口斜切45°,以增加吸油面积
	7）过滤器堵塞,吸油不畅	清洗过滤器
	8）吸油管浸入油面太浅	将吸油管浸入油箱2/3处
	9）液压泵转速太高	选择适当的转速
	10）泵轴与电动机轴不同轴	重新安装调整或更换弹性联轴器
	11）联轴器松动	拧紧联轴器
	12）液压泵制造装配精度太低	更换精度差的零件,重新安装
	13）液压泵零件磨损	更换磨损件
	14）液压泵脉动太大	更换脉动小的液压泵
	2. 溢流阀	
	1）阀座磨损	修复阀座
	2）阻尼孔堵塞	清洗阻尼孔
	3）阀芯与阀体间隙过大	更换阀芯,重配间隙
	4）弹簧疲劳或损坏,使阀移动不灵活	更换弹簧
	5）阀体拉毛或污物卡住阀芯	去除毛刺,清洗污物,使阀芯移动灵活
	6）实际流量超过额定值	选用流量较大的溢流阀
	7）与其他元件发生共振	调整压力,避免共振,或改变振动系统的固有振动频率
	3. 换向阀	
	1）电磁铁吸不紧	修理电磁铁

（续）

常见故障	原　因	排　除　方　法
振动和噪声	2）阀芯卡住	清洗或修整阀体和阀芯
	3）电磁铁焊接不良	重新焊接
	4）弹簧损坏或过硬	更换弹簧
	4. 管路	
	1）管路直径太小	加大管路直径
	2）管路过长或弯曲过多	改变管路布局
	3）管路与阀产生共振	改变管路长度
	5. 由冲击引起振动和噪声	见"液压冲击"一栏
	6. 由外界振动引起液压系统振动	采取隔振措施
	7. 电动机、液压泵转动引起振动和噪声	采取缓振措施
	8. 液压缸密封过紧或加工装配误差运动阻力大	适当调整密封松紧，更换不合格零件，重新装配
油温过高	1. 液压系统设计不合理，压力损失大，效率低	改进设计，采用变量泵或卸荷措施
	2. 压力调整不当，压力偏高	合理调整系统压力
	3. 泄漏严重造成容积损失	加强密封
	4. 管路细长且弯曲，造成压力损失	加大管径，缩短管路，使油液流动通畅
	5. 相对运动零件的摩擦力过大	提高零件加工装配精度，减小摩擦力
	6. 油液黏度大	选用黏度低的液压油
	7. 油箱容积小，散热条件差	增大油箱容积，改善散热条件
	8. 由外界热源引起温升	隔绝热源
泄漏	1. 密封件损坏或装反	更换密封件，改正安装方向
	2. 管接头松动	拧紧管接头
	3. 单向阀钢球不圆，阀座损坏	更换钢球，配研阀座
	4. 相互运动表面间隙过大	更换某些零件，减小配合间隙
	5. 某些零件磨损	更换磨损的零件
	6. 某些铸件有气孔、砂眼等缺陷	更换铸件或修补缺陷
	7. 压力调整过高	降低工作压力
	8. 油液黏度太低	选用黏度较高的油液
	9. 工作温度太高	降低工作温度或采取冷却措施

3）分析故障源。大致有五大部分，即能源装置、控制调节元件、执行元件、管路和油箱。分析故障可用"四觉"诊断法，即指检修人员运用触觉、视觉、听觉和嗅觉来分析判断液压系统故障。

① 触觉。检修人员通过手感判断油温的高低、元件及管道的振动大小。

② 视觉。如执行元件无力，运动不稳定，泄漏和油液变色等现象，检修人员凭经验通过目测可做出一定的判断。

③ 听觉。检修人员通过耳听，根据液压泵和液压马达的异常声响、溢流阀的尖叫声及油管的振动等来判断噪声和振动大小。

④ 嗅觉。检修人员通过嗅觉判断油液变质和液压泵发热、烧结等故障。

4）列出与故障有关的元件清单。通过以上分析判断，将需要检修或更换的元件清单列出，但要注意，不要漏掉任何一个对故障有重要影响的元件。

5）对清单中列出的元件，按其对引起故障的主次进行排队。

6）初步检查。判断元件的选用和装配是否合理，元件的外部信号是否合适，对外部的输入信号是否有反应等，并注意观察出现故障的先兆，如噪声、振动、高温和泄漏等现象。

7）若未检查出引起故障的元件，则应使用仪器设备反复检查，以鉴定其性能参数是否合格。

8）对发生故障的元件进行修复或更换。应注意在安装前认真清洗。

9）重新安装调试。对经过检修后的系统进行重新起动调试，并认真总结系统出现故障的原因及排除的方法，为今后分析、判断和维修液压系统故障积累实践经验。

三、液压系统故障实例分析

以加工薄壳零件的专用机床液压控制系统为例，分析液压系统的故障及其排除方法。

图 12-6 所示的液压控制系统是为减小薄壳零件加工变形而设计的，系统的工作压力由溢流阀调定，为减小加工变形又不破坏定位而设置了辅助支承。辅助支承的向上推力由减压阀1 保证，夹紧力由减压阀2 保证。

1. 液压主系统的故障维修

<u>故障现象</u>：液压系统有时无压力或有时压力达不到调定值。

分析及处理过程：

通过对液压系统原理图的分析，产生这类故障的主要原因有：①系统的压力油路和溢流油路（回

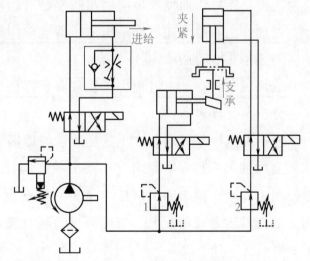

图 12-6 加工薄壳零件的专用机床液压控制系统

油路）短接或有较严重的泄漏；②油箱中的油液根本没有进入液压系统；③电动机功率不足。

第一步检查液压泵是否有油液输出。如无油输出，则可能是液压泵转向不对

或零件磨损或损坏，吸油阻力过大或漏气；也可能是电动机功率不足，使液压泵的输油压力达不到工作压力。

经过观察和手感，电动机和液压泵均工作正常，有油液输出，故初步判断故障不是出自液压泵。

第二步检查各回油管，观察哪个部件有溢油。如溢流阀回油管溢油，但拧紧溢流阀的弹簧后，压力还是无变化，则其原因可能是溢流阀的阀芯处有污物存在或阀芯锈蚀而卡死在开口位置，或弹簧折断失效，或阻尼孔被污物堵塞，这样液压泵输出的油液立即在低压下经溢流阀溢回油箱。由分析可知，故障可能出自溢流阀。关掉电动机，卸下并拆开溢流阀，经检查，弹簧完好，滑阀移动灵活。在进一步检查主阀阻尼孔时，发现阻尼孔不通，说明油液中有污物，阻尼孔被堵塞了。

处理方法：过滤或更换液压油，清洗溢流阀，疏通阻尼孔，恢复其工作性能。

2. 进给回路的故障维修

故障现象：机床进给速度不稳定。

分析及处理过程：

由液压系统原理图可知，问题肯定出自单向调速阀，主要原因有：①单向阀密封性不好；②阀芯与阀座处有污物；③调速阀中的弹簧失效变形或卡住。经检查发现弹簧完好，而发现单向阀与阀座处有污物。

处理方法：过滤或更换液压油，清洗单向调速阀。

3. 夹紧回路的故障维修

故障现象：在加工过程中，发现有些零件变形超出了允许范围。

分析及处理过程：

分析夹紧回路可知，产生这类故障的原因主要有：①辅助支承有时未起作用；②夹紧力过大。其根本原因就在两个减压阀处。首先打开压力表开关，分别检测减压阀1和减压阀2的出口压力是否稳定在预先的调定值上。经观察，发现减压阀1的出口压力波动较大。由此可见，辅助支承有时失去作用而造成一些零件加工变形。

减压阀1处的故障原因有：①弹簧变形或卡住；②滑阀移动不灵活或弹簧太软；③导向阀与阀座孔配合不好或锥阀安装不正确。经拆开减压阀后发现，问题不是出现在滑阀处，而是锥阀安装偏斜。

处理方法：调整锥阀，重新安装。

最后将发生故障的元件进行修复或更换，并进行认真清洗，重新安装。对检修后的系统进行重新起动调试，并认真总结系统出现故障的原因及排除的方法，为今后分析、判断和维修液压系统故障积累实践经验。

技能实训 20 液压系统的故障分析与排除

1. 实训目的

1）进一步熟练掌握液压系统回路的连接步骤和方法。

2）掌握系统中各调节元件的调节方法。

3）学会分析和排除液压系统在工作过程中出现的常见故障。

2. 实训内容及步骤

组合机床液压系统原理图如图 12-7 所示，该系统用来实现"快进→工进→快退→原位停止、泵卸荷"工作循环。

1）按系统图中各元件图形符号选择好液压元件及辅助元件，并将其安装在实训台的适当位置。

2）根据系统图进行油路和电路连接，并检查油路和电路连接是否正确，请指导教师查阅。

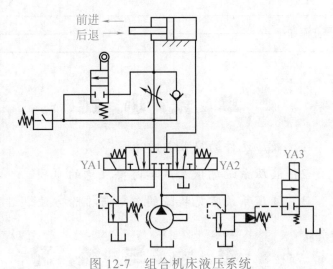

图 12-7 组合机床液压系统

3）打开电源，起动液压泵，改变电磁铁通、断电，并对调节元件做适当调节。观察液压系统运行情况，对运行过程中出现的问题进行分析。

4）重新阅读液压系统图，分析系统图有无错误。如有错误，画出正确的液压系统图，交指导教师审阅。

5）按改好的系统图重新连接油路和电路，经指导教师查阅后，重新起动液压泵，控制电磁铁通、断电，并对流量阀和压力阀进行调节，改变行程阀的安装位置，观察液压缸的运动变化情况。

6）经指导教师检查评价后，关闭电源，拆下管路及元件并放回原来位置。

3. 实训思考题

1）液压系统在第一次安装后，运行过程中出现了什么问题？是什么原因引起的？

2）压力继电器在系统中起什么作用？将其安装在回油路上可以吗？为什么？

3）根据实训内容填写表 12-2。

表 12-2　实训记录表

工况	电磁铁、行程阀、压力继电器					油液流动路线
	YA1	YA2	YA3	行程阀	压力继电器	
快进						进油路：
						回油路：
工进						进油路：
						回油路：
快退						进油路：
						回油路：
停止泵卸荷						
						回油路：

单元小结

1）液压元件的安装与要求。

2）液压系统调试及试车时要注意的事项。

3）液压系统常见故障的分析与排除方法。

思考与练习

1. 液压阀常用的连接方式有哪些？

2. 使用液压系统时应注意哪些事项？

3. 液压系统的常见故障有哪些？

4. 试分析液压系统压力不稳定、压力波动大的原因。

5. 试分析液压系统压力提不高的原因。

6. 液压系统中流量不足的原因是什么？如何解决？

7. 液压系统调试应如何进行？

附录

名　称	符　号	名　称	符　号
定量泵		空气压缩机	
变量泵		单作用增压器	p_1　p_2
双向流动,带外泄油路单向旋转的变量泵		单向阀	
单向定量马达		双向定量摆动气马达	
双向变量马达		单作用半摆动气缸或摆动马达	
双向变量泵或马达单元,双向流动,带包泄油路,双向旋转		双向摆动缸,限制摆动角度	
先导控制,带压力补偿单向变量泵,带外泄漏油路		单作用单杆缸,靠弹簧复位	
		双作用单杆缸	
气马达		双作用双杆缸	

（续）

名　称	符　号	名　称	符　号
单作用柱塞缸		二位四通电磁换向阀，	
单作用伸缩缸		二位五通气动换向阀，单电磁铁，外部先导供气，气动操纵，弹簧复位	
双作用伸缩缸		三位五通直动式气动换向阀，弹簧对中	
单作用气液转换器		二位四通双电磁铁，定位销式换向阀	
液控单向阀		二位四通液控换向阀	
双向单向阀（液压锁）		二位五通踏板控制换向阀	
梭阀		三位四通液控方向阀	
双压阀		二位四通换向阀，电磁铁操纵，液压先导控制	
快速排气阀		二位三通液压电磁换向阀	
二位二通推压换向阀		三位四通电磁换向阀	
二位二通电磁换向阀		三位五通手动换向阀，定位销定位	
二位三通机动换向阀		三位四通电液换向阀	
二位三通电磁换向阀		三位五通气动换向阀，电磁铁先导控制和手动控制	
二位三通电磁换向阀，手动定位			

（续）

名　称	符　号	名　称	符　号
二位三通气动换向阀，差动先导控制		直动式比例溢流阀，电磁力直接作用在阀芯上，集成电子器件	
延时控制气动阀		直动式比例溢流阀，带电磁铁位置闭环控制，集成电子器件	
直动式比例换向阀		先导式比例溢流阀，带电磁铁位置反馈	
先导式伺服阀，带主级和先导级的闭环位置控制，集成电子器件，外部先导供油和回油		溢流调压阀	
直动式溢流阀		气动内部流向可逆调压阀	
先导式溢流阀		气动外部控制顺序阀	
直动式减压阀		电磁溢流阀	
先导式减压阀			
直动式顺序阀		可调单向节流阀	
		调速阀	
单向顺序阀		单向调速阀	
可调节流阀			
压力继电器		三通流量阀，可调节，将输入流量分成固定流量和剩余流量	
直动式比例溢流阀		流量阀滚输柱塞操纵，弹簧复位	

（续）

名　称	符　号	名　称	符　号
分流阀	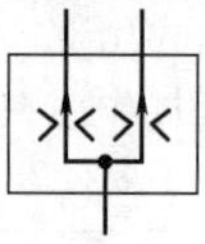	自动排水流体分离器	
集流阀	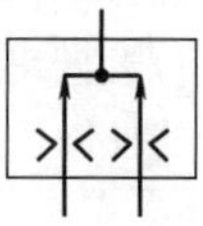	油箱通气过滤器	
压力表		油雾器	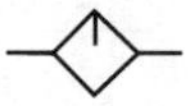
温度计		手动排水油雾器	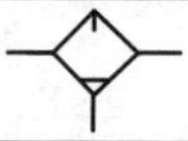
流量计		不带冷却液流道指示的冷却器	
过滤器		液体冷却的冷却器	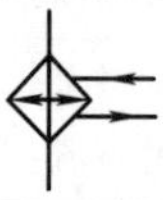
隔膜式蓄能器	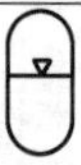	电动风扇冷却的冷却器	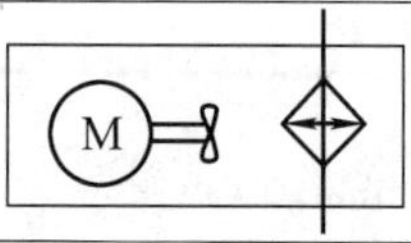
囊式蓄能器		气源处理装置(气动三联件) 上图为详细示意图,下图为简化图	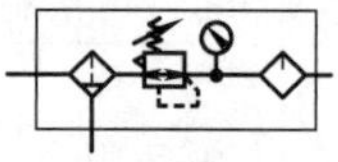 
活塞式蓄能器	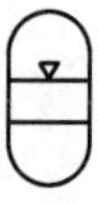	气压源	 4M
气瓶		带手动排水分离器的过滤器	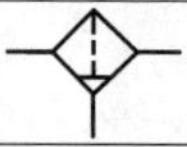
		带双单向阀的快换接头,断开状态	
气罐		不带单向阀的快换接头,断开状态	
带光学阻塞指示器的过滤器		输出开关信号、可电子调节的压力传感器	
	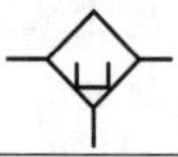	模拟信号输出压力传感器	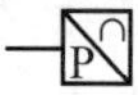
带压力表的过滤器		加热器	
吸附式过滤器		空气干燥器	
离心式分离器		不带压力表的过滤调压阀	
手动排水流体分离器		液压源	 4M

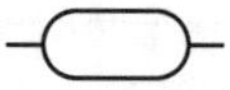

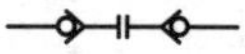

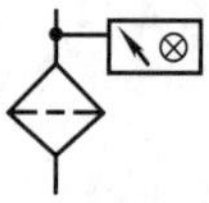

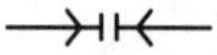

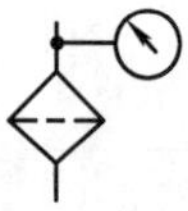

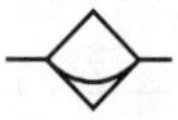

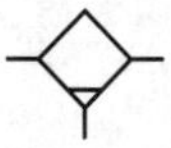

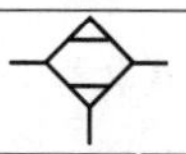

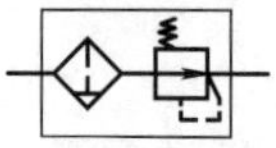

附录 B　本书常用量及其符号、单位和换算关系

量的名称	符号	单位名称	单位符号	换算关系
质量	m	千克(公斤)、吨	kg、t	$1t = 1000kg$
长度	L	米	m	
面积	A	平方米	m^2	
体积、容积	V	立方米、升	m^3、L	$1m^3 = 1000L$ $1L = 1000cm^3$
时间、时间间隔	t	秒、分、时	s、min、h	$1h = 60min$ $1min = 60s$
力	F	牛(顿)	N	$1kgf \approx 10N$
重力	$W(G)$			
力矩	M	牛(顿)米	N·m	
转矩	T			
功、能(量)	W	焦(耳)	J	
功率	P	瓦(特)	W	
压力	p	帕(斯卡)	Pa	$1bar = 10^5Pa$ $1kgf/cm^2 \approx 10^5Pa$
排量	V	升每转、毫升每转	L/r、mL/r	$1L/r = 1000mL/r$
流量	q	立方米每秒、升每分	m^3/s、L/min	$1L/min = 1.67 \times 10^{-5} m^3/s$

参 考 文 献

[1] 黎启柏. 液压元件手册 [M]. 北京：冶金工业出版社，2000.

[2] 袁承训. 液压与气压传动 [M]. 2 版. 北京：机械工业出版社，2014.

[3] 左健民. 液压与气压传动 [M]. 5 版. 北京：机械工业出版社，2016.

[4] 许福玲，陈尧明. 液压与气压传动 [M]. 3 版. 北京：机械工业出版社，2007.

[5] 邢鸿雁，张磊. 实用液压技术 300 题 [M]. 北京：机械工业出版社，2006.

[6] 黄谊，章宏甲. 机床液压传动习题集 [M]. 北京：机械工业出版社，2004.

[7] 阎祥安，曹玉平. 液压传动与控制习题集 [M]. 天津：天津大学出版社，2004.

[8] 刘建明，何伟利. 液压与气压传动 [M]. 4 版. 北京：机械工业出版社，2019.

[9] 许亚南，陈秋一，汤家荣. 液压与气压传动技术 [M]. 北京：机械工业出版社，2010.